高等院校应用型特色规划教材

高分子化学实验

主 编 朱 江 曾建兵

西南交通大学出版社
·成 都·

图书在版编目（CIP）数据

高分子化学实验 / 朱江，曾建兵主编. —成都：西南交通大学出版社，2019.8
高等院校应用型特色规划教材
ISBN 978-7-5643-7072-5

Ⅰ. ①高… Ⅱ. ①朱… ②曾… Ⅲ. ①高分子化学－化学实验－高等学校－教材 Ⅳ. ①O63-33

中国版本图书馆 CIP 数据核字（2019）第 178938 号

高等院校应用型特色规划教材

Gaofenzi Huaxue Shiyan

高分子化学实验

主　编 / 朱　江　曾建兵
责任编辑 / 牛　君
封面设计 / 墨创文化

西南交通大学出版社出版发行
（四川省成都市金牛区二环路北一段 111 号西南交通大学创新大厦 21 楼　610031）
发行部电话：028-87600564　028-87600533
网址：http://www.xnjdcbs.com
印刷：四川森林印务有限责任公司

成品尺寸　185 mm × 260 mm
印张　6.25　　字数　156 千
版次　2019 年 8 月第 1 版　　印次　2019 年 8 月第 1 次

书号　ISBN 978-7-5643-7072-5
定价　21.00 元

课件咨询电话：028-81435775
图书如有印装质量问题　本社负责退换

前 言

近年来，我国高等教育特别是应用型本科院校的人才培养正处于内涵发展的关键期，而应用型本科院校的实验教学应当服务于培养学生的应用能力和创新能力这一主要目标。学生的应用能力包含能够应用所学的基础理论知识解释实验现象，能够熟练地应用各种实验工具、实验手段和科研方法；创新能力包含知识内容的创新、动手能力的创新和实验方法的创新，着重于利用基础理论知识和借鉴他人研究成果，进行实验内容和实验过程的自主设计。因而，在巩固高分子化学基础理论教学效果的同时，以培养学生应用能力、创新能力为目标的高分子化学实验教学，理应受到重视。

在现代高分子化学教学中，实验课程是实现素质教育和人才培养必不可少的环节。通过高分子化学实验课程的学习，学生能够熟练和规范地进行高分子化学实验的基本操作，掌握实验技术和基本技能，了解高分子化学中采用的特殊实验技术，在实验过程中训练科学研究的方法和思维，培养学生严谨求实的科研精神，为以后的工作和科研打下坚实的基础。本教材共精选了 17 个实验，均为从事高分子材料学习和研究的经典必备实验。每个实验以模块化的方式进行编写，均包括实验目的、实验原理、实验仪器和材料、实验步骤、注意事项、讨论和思考题等实验模块，方便读者根据学习需求对每个不同版块的知识进行分类、整理、筛选和重组。在模块化的高分子化学实验教学体系中，突出学生应用能力、创新能力的培养，学生可以根据自己的学业规划、将来从事的职业或所学专业的发展动态，结合基础知识和实验教学内容，提出实验内容和实验方案，经授课教师指导和验证后实施，不以实验是否达到预期目标作为评价标准，重视实验过程考核而非结果考核。

本教材在编写过程中，得到西南大学化学化工学院曾建兵教授课题组的全程参与和帮助，针对应用型本科院校的人才培养要求，重新对高分子化学实验内容进行了安排和编写。本教材既可作为应用型本科院校高分子专业学生及老师的实验教学参考书，也可供从事高分子材料设计、开发、测试的科技人员参考。

由于编者水平所限，书中难免存在不足之处，敬请读者批评指正。

编　者

2019 年 5 月

前　言

近年来，我国高等教育特别是应用型本科院校的人才培养正处于内涵发展的关键期，而应用型本科院校的实验教学应当服务于培养学生的应用能力和创新能力这一主要目标。学生的应用能力包含能够运用所学的基础理论知识解释实验现象，能够熟练地运用各种实验工具、实验手段和科研方法；创新能力包含知识内容的创新、动手能力的创新和实验方法的创新，着重于利用基础理论知识和借鉴他人研究成果，进行实验内容和实验过程的自主设计。因而，在巩固高分子化学基础理论教学效果的同时，以培养学生应用能力、创新能力为目标的高分子化学实验教学，理应受到重视。

在现代高分子化学教学中，实验课程是实施素质教育和人才培养必不可少的环节。通过高分子化学实验课程的学习，学生能够熟练和规范地进行高分子化学实验的基本操作，掌握实验技术和基本技能，了解高分子化学中采用的特殊实验技术，在实验过程中训练科学研究的方法和思维，培养学生严谨求实的科研精神，为以后的工作和科研打下坚实的基础。本教材共精选了17个实验，均为从事高分子材料学习和研究的经典必备实验。每个实验以模块化的方式进行编写，均包括实验目的、实验原理、实验仪器和材料、实验步骤、注意事项、讨论和思考题等实验模块，方便读者根据学习需求对每个不同板块的知识进行分类、整理、筛选和重组。在模块化的高分子化学实验教学体系中，突出学生应用能力、创新能力的培养，学生可以根据自己的学业规划、将来从事的职业或所学专业的发展动态，结合基础知识和实验教学内容，提出实验内容和实验方案，经授课教师指导和验证后实施，不以实验是否达到预期目标作为评价标准，重视实验过程考核而非结果考核。

本教材在编写过程中，得到西南大学化学化工学院曾建兵教授课题组的全程参与和帮助，针对应用型本科院校的人才培养要求，重新对高分子化学实验内容进行了安排和编写。本教材既可作为应用型本科院校高分子专业学生及老师的实验教学参考书，也可供从事高分子材料设计、开发、测试的科技人员参考。

由于编者水平所限，书中难免存在不足之处，敬请读者批评指正。

编　者

2019年5月

目 录

第一章　高分子化学实验基础知识

第一节　基本常识

高分子化学衍生于有机化学，因此高分子化学实验与有机化学实验有着许多共同之处。学好了"有机化学实验"这门课程，掌握了基本有机化学实验操作，做高分子化学实验就会驾轻就熟。但是，高分子化学具有自身的特点，许多应用于高分子合成的方法和手段在有机化学实验中并不常见，高分子化合物的结构和组成分析也有其独特之处，需要学生们领会和掌握。

一、实验室安全

圆满地完成一项高分子化学实验，不仅仅意味着顺利地获得预期产物并对其结构进行充分的表征，更为重要的、往往被忽视的是避免安全事故的发生。在高分子化学实验中，经常会使用易燃溶剂，如：苯、丙酮、乙醇和烷烃；易燃和易爆的试剂，如碱金属、金属有机化合物和过氧化物；有毒的试剂，如硝基苯、甲醇和多卤代烃；有腐蚀性的试剂，如浓硫酸、浓硝酸及溴等。化学试剂的使用不当，就可能引起着火、爆炸、中毒和烧伤等事故。玻璃仪器和电器设备的使用不当也会引发事故。以下为高分子化学实验中常常遇到的几类安全事故。

1. 火警和火灾

高分子化学实验常常遇到许多易燃有机溶剂，有时还会使用碱金属和金属有机化合物，操作不当就可能引发火警和火灾。实验室出现火警的常见原因如下。

（1）使用明火（如电炉、煤气）直接加热有机溶剂进行重结晶或溶液浓缩操作，而且不使用冷凝装置，导致溶剂溅出和大量挥发。

（2）在使用挥发性易燃溶剂时，实验室中其他人正在使用明火。

（3）随意抛弃易燃、易氧化化学品，如将回流干燥溶剂的钠连同残余溶剂倒入水池中。

（4）电器质量存在问题，长时间通电使用引起过热着火。

因此，应尽可能使用水浴、油浴或加热套进行加热操作，避免使用明火；长时间加热溶剂时，应使用冷凝装置；浓缩有机溶液，不得在敞口容器中进行，使用旋转蒸发仪等装置避免溶剂挥发并四处扩散。必须使用明火时（如进行封管和玻璃加工），应使明火远离易燃有机溶剂和药品。按常规处理废弃溶剂和药品。经常检查电器是否正常工作，及时更换和修理。要熟悉安全用具（灭火器、石棉布等）的放置地点和使用方法，并妥善保管，不要挪作他用。

如果出现了火警，可以根据不同的情况采取相应对策：

（1）容器中溶剂发生燃烧：移去或关闭明火，缓慢地将石棉布等盖于容器之上，隔绝空气使火焰自熄。

（2）溶剂溅出并燃烧：移去或关闭明火，尽快移去临近的其他溶剂，使用石棉布盖于火焰上或者使用二氧化碳灭火器。

由于大多数有机溶剂比重低于水，并且烃类溶剂与水不互溶，因此不要使用水灭火，以免火势随水四处蔓延。

（3）碱金属引起的着火：移去临近溶剂，使用石棉布覆盖。

2. 爆　炸

进行放热反应，有时会因反应失控而导致玻璃反应器炸裂，导致实验人员受到伤害；在进行减压操作时，玻璃仪器存在瑕疵也会发生炸裂。在这种情况下，应特别注意对眼睛的保护，防护眼镜等保护眼睛的用品应成为实验室的必备品。高分子化学实验中所用到的易爆物有偶氮类引发剂和有机过氧化物。在进行纯化操作时，应避免高浓度高温操作，尽可能在防护玻璃后进行操作。进行真空减压实验时，应仔细检查玻璃仪器是否存在缺陷，必要时在装置和人员之间放置保护。部分有机化合物遇氧化剂会发生猛烈爆炸或燃烧，操作时应特别小心。卤代烃和碱金属分开存放，以免两者接触而反应。

3. 中　毒

过多吸入常规有机溶剂会使人产生诸多不适；有些毒害性物质如苯胺、硝基苯和苯酚等很快通过皮肤和呼吸道被人体吸收，造成伤害。在不经意时，手会粘有毒害性物质，经口腔而进入人体。因此在使用有毒试剂时，应认真操作，妥善保管；残留物不得乱扔，必须做到有效处理。在接触有毒和腐蚀性试剂时，必须带橡皮等材质的防护手套，操作完毕后立即洗手，切勿让有毒试剂粘及五官和伤口。在进行产生有毒气体和腐蚀性气体反应的实验时，应在通风柜中操作，并尽可能在排到大气之前做适当处理。使用过的器具应及时清洗。在实验室内不得饮食和喝水，养成实验完毕离开实验室之前洗手的习惯。若皮肤溅上毒害性物质，应根据其性质，采取适当方法进行清洗。

4. 外　伤

除玻璃仪器破裂会造成意外伤害外，将玻璃棒（管）或温度计插入橡皮塞或将橡皮管套入冷凝管或三通时也会引起玻璃断裂，造成事故。因此，在进行操作时，应检查橡皮塞和橡皮管的孔径是否合适，并将玻璃切口熔光，涂少许润滑剂后再缓缓旋转而入，切勿用力过猛。如果造成机械伤，应取出伤口中的玻璃或固体物，用水洗涤后涂上药水，用绷带扎住伤口或贴上创可贴，大伤口则应先按住主血管以防大量出血，稍加处理后就医诊治。

为了处理意外事故，实验室应备有灭火器、石棉布和急救箱等用具，同时需要严格遵守实验室安全规则，养成良好的实验习惯，在从事不熟悉和危险的实验时应该小心谨慎，防止因操作不当而造成实验事故。

二、试剂的存放和废弃试剂的处理

1. 化学试剂的保管

实验室所用试剂，不得随意散失、遗弃。有些有机化合物遇氧化剂会发生猛烈爆炸或燃烧，操作时应特别小心。卤代烃遇到碱金属时，会发生剧烈反应，伴随大量热产生，也会引起爆炸。因此化学试剂应根据它们的化学性质分门别类，妥善存放在适当场所。如烯类单体和自由基引发剂应保存在阴凉处（如冰箱），光敏引发剂和其他光敏物质应保存在避光处，强还原剂和强氧化剂、卤代烃和碱金属应分开放置，离子型引发剂和其他吸水易分解的试剂应密封保存（充氮的保护器），易燃溶剂的放置场所应远离热源。

2. 废弃试剂的处理

在高分子化学实验中产生的废弃试剂大多来源于聚合物的纯化过程，如聚合物的沉淀、分级和抽提。废弃的化学试剂不可倒入下水道中，应分类加以收集、回收再利用。有机溶剂通常按含卤溶剂和非卤溶剂分类收集，非卤溶剂还可进一步分为烃类、醇类、酮类等。无机液体往往分为酸类和碱类废弃物；中性的盐可以经稀释后倒入下水道，但是含重金属的废液不属此类。无害的固体废弃物可以作为垃圾倒掉，如色谱填料和干燥用的无机盐；有害的化学药品则应进行适当处理。对反应过程中产生的有害气体，应按规定进行处理，以免污染环境。在回流干燥溶剂过程中，往往会使用钠、镁和氢化钙。后两者反应活性较低，加入醇类使残余物缓慢反应完毕即可。钠的反应活性较高，加入无水乙醇使残余物转变成醇钠，但是不溶的产物会导致钠反应不完全，需加入更多的醇稀释后继续反应。经常需要使用无水溶剂时，这样处理钠会造成浪费，可以使用高沸点的二甲苯来回收。收集每次回流溶剂残留的钠，置于干燥的二甲苯中（每 20 g 钠约使用 100 mL 二甲苯），在开口较大的烧瓶中以加热套加热，使钠缓慢融化。轻轻晃动烧瓶，分散的钠球逐渐聚集成较大的球，趁热将钠和二甲苯倒入干燥的烧杯中，冷却后取出钠块，保存于煤油中。切记，操作过程要十分小心，不可接触水。

除上述两方面外，及时整理实验室和实验台面并清洗玻璃仪器，合理放置实验设备，保持整洁舒适的工作环境，也是高质量完成实验所需要的。

三、实验基本仪器

化学反应的进行、溶液的配制、物料的纯化以及许多分析测试都是在玻璃仪器中进行的，另外还需安装辅助设施，如金属器具和电学仪器等。

1. 玻璃仪器

玻璃仪器按接口的不同可以分为普通玻璃仪器和磨口玻璃仪器。普通玻璃仪器之间的连接是通过橡皮塞进行的，需要在橡皮塞上打出适当大小的孔，有时孔道不直和橡皮塞不配套，给实验装置的搭建带来许多不便。玻璃仪器的接口标准化，分为内磨接口和外磨接口，烧瓶的接口基本是内磨的，而回流冷凝管的下端为外磨口。为了方便接口大小不同的玻璃仪器之间的连接，还有多种换口可以选择。常用标准玻璃磨口有 10#，12#，14#，19#，24#，29#和

34#等规格，其中24#口大小与4#橡皮塞相当。

使用磨口玻璃仪器，由于接口处已经细致打磨，聚合物溶液的渗入，有时会使内、外磨口发生黏结，难以分开不同的组件。为了防止出现这种麻烦，仪器使用完毕后应立即将装置拆开；较长时间使用，可以在磨口上涂敷少量硅脂等润滑脂，但是要避免污染反应物，润滑脂的用量越少越好。实验结束后，用吸水纸或脱脂棉蘸少量丙酮擦拭接口，然后再将容器中的液体倒出。大部分高分子化学反应是在搅拌、回流和通惰性气体的条件下进行的，有时还需进行温度控制（使用温度计和控温设备）、加入液体反应物（使用滴液漏斗）和反应过程监测（添加取样装置），因此反应最好在多口反应瓶中进行。

2. 辅助器件

进行高分子化学实验，需要用铁架台和铁夹等金属器具将玻璃仪器固定并适当连接，实验过程中经常需要进行加热、温度控制和搅拌，应选择合适的加热、控温和搅拌设备。液体单体的精制往往需要在真空状态下进行，需要使用不同类型的减压设备，如真空油泵和水泵。许多聚合反应在无氧的条件下进行，需要氮气钢瓶和管道等通气设施。

3. 玻璃仪器的清洗和干燥

玻璃仪器的清洗干燥是避免引入杂质的关键。清洗玻璃仪器最常用的方法是使用毛刷和清洁剂，清除玻璃表面的污物，然后用水反复冲洗，直至器壁不挂水珠，烘干后可供一般实验使用。盛放聚合物的容器往往难以清洗，搁置时间过长则清洗更加困难，因而要养成实验完毕立即清洗的习惯。除去容器中残留聚合物的最常用方法是使用少量溶剂来清洗，最好使用回收的溶剂或废溶剂。带酯键的聚合物（如聚酯、聚甲基丙烯酸甲酯）和环氧树脂残留于容器中，将容器浸泡于乙醇-氢氧化钠洗液之中，可起到很好的清除效果。含少量交联聚合物固体而不易清洗的容器，如膨胀计和容量瓶，可用铬酸洗液来洗涤，热的洗液效果会更好，但是要注意安全。总之，应根据残留物的性质，选择适当的方法使其溶解或分解而达到除去的效果。离子型聚合反应所使用的反应器要求更加严格，清洗时应避免杂质的引入。洗净后的仪器可以晾干或烘干，干燥仪器有烘箱和气流干燥器。临时急用，可以加入少量乙醇或丙酮冲刷水洗过的器皿加速烘干过程，电吹风更能加快烘干过程。对于离子型聚合反应，实验装置需绝对干燥，往往在仪器搭置完毕后，于高真空下加热除去玻璃仪器中的水汽。

第二节　实验操作与技巧

进行高分子化学实验，首先应根据反应的类型和用量选择合适类型和大小的反应器，根据反应的要求选择其他的玻璃仪器，并使用辅助器具搭置实验装置，将不同仪器良好、稳固地连接起来。高分子化学实验常常在加热、搅拌和通惰性气体的条件下进行，单体和溶剂的精制离不开蒸馏操作，有时还需要减压条件。

一、温度控制

温度对聚合反应的影响，除了和有机化学实验一样表现在聚合反应速率和产物收率方面以外，还表现在聚合物的相对分子质量及其分布上，因此准确控制聚合反应的温度十分必要。室温以上的聚合反应可使用电加热套、加热圈和加热块等加热装置，对于室温以下的聚合反应，可使用低温浴或采用适当的冷却剂冷却。如果需要准确控制聚合反应的温度，超级恒温水槽则是首选。

（一）加热方式

1. 水浴加热

当实验需要的温度在 80 ℃以下时，使用水浴对反应体系进行加热和温度控制最为合适，水浴加热具有方便、清洁和完全等优点。加热时，将容器浸于水浴中，利用加热圈来加热水介质，间接加热反应体系。加热圈是由电阻丝贯穿于硬质玻璃管中，并根据浴槽的形状加工制成，也可使用金属管材。长时间使用水浴，会因水分的大量蒸发而导致水的散失，需要及时补充：过夜反应时可在水面上盖层液体石蜡。对于温度控制要求高的实验，可以直接使用超级恒温水槽，还可通过它对外输送恒温水达到所需温度，其温度可控制在 0.5 ℃范围内。由于水管等的热量散失，反应器的温度低于超级恒温水槽的设定温度，需要进行纠正。

2. 油浴加热

水浴不能适用于温度较高的场合，此时需要使用不同的油作为加热介质，采用加热圈等没入式加热器间接加热。油浴不存在加热介质的挥发问题，但是玻璃仪器的清洗稍为困难，操作不当还会污染实验台面及其他设施。使用油浴加热，还需要注意加热介质的热稳定性和可燃性，最高加热温度不能超过其限度。表 1-1 列举了一些常用加热介质的性质。

表 1-1　常见加热介质的性质

加热介质	沸点或最高使用温度/℃	评　述
水	100	洁净、透明，易挥发
甘油	140~150	洁净、透明，难挥发
植物油	170~180	难清洗，难挥发，高温有油烟
硅油	250	耐高温，透明，价格高
泵油	250	回收泵油多含杂质，不透明

3. 加热电加热套

电加热套是一种外热式加热器，电热元件封闭于玻璃等绝缘层内，并制成内凹的半球状，非常适用于圆底烧瓶的加热，外部为铝质的外壳。电热元件可直接与电源相通，也可以通过调压器等调压装置连接于电源，最高使用温度可达 450℃。功能较齐全的电加热套带有调节装置，可以对加热功率和温度进行有限的调节，难以准确控制温度。某些国产的电加热套，将加热和电磁搅拌功能融为一体，使用更加方便。电加热套具有安全、方便和不易损坏玻璃仪器的特点，由于玻璃仪器与电加热套紧密接触，保温性能好。根据烧瓶的大小，可以选用不同规格的电加热套。

4. 加热块加热

加热块通常为铝质的块材，按照需要加工出圆柱孔或内凹半球洞，分别适用于聚合管和圆底烧瓶的加热，加热元件外缠于铝块或置于铝块中，并与控温元件相连。为了能准确控制温度，需要进行温度的校正。因此需要在高温下进行的封管聚合，存在爆裂的隐患，使用加热块较为安全。

（二）冷　却

离子聚合往往需要在低于室温的条件下进行，因此冷却是离子聚合常常需要采取的实验操作。例如甲基丙烯酸甲酯阴离子聚合为避免副反应的发生，聚合温度在-60℃以下。环氧乙烷的聚合反应在低温下进行，可以减少环低聚合体的生成，并提高聚合物收率。若反应温度需要控制在 0 ℃附近，多采用冰水混合物作为冷却介质。若要使反应体系温度保持在 0 ℃以下，则采用碎冰和无机盐的混合物作为制冷剂；如要维持在更低的温度，则必须使用更为有效的制冷剂（干冰和液氮），干冰和乙醇、乙醚等混合，温度可降至-70 ℃，通常使用温度在-40~50 ℃内。液氮与乙醇、丙酮混合使用，冷却温度可稳定在有机溶剂的凝固点附近。表 1-2 列出不同制冷剂的配制方法和使用温度范围。配制冰盐冷浴时，应使用碎冰和颗粒状盐，并按比例混合。干冰和液氮作为制冷剂时，应置于浅口保温瓶等隔热容器中，以防止制冷剂的过度损耗。

表 1-2　常用制冷剂

制冷剂	冷却最低温度/℃
冰-水	0
冰 100 份+氯化钠 33 份	-21
冰 100 份+氯化钙（含结晶水）100 份	-31
冰 100 份+碳酸钾 33 份	-46
干冰+有机溶剂	高于有机溶剂的凝固点
液氮+有机溶剂	接近有机溶剂的凝固点

超级恒温槽可以提供低温环境，并能准确控制温度，也可以通过恒温槽输送冷却液来控制反应温度。

（三）温度的测定和调节

酒精温度计和水银温度计是最常用的测温仪器，它们的量程受其凝固点和沸点的限制，前者可在-60~100 ℃内使用，后者可测定的最低温度为-38 ℃，最高使用温度在 300 ℃左右。低温的测定可使用以有机溶剂制成的温度计，甲苯的温度计可达-90 ℃，正戊烷为-130 ℃。为观察方便在溶剂中加入少量有机染料，这种温度计由于有机溶剂传热较差和黏度较大，需要较长的平衡时间。控温仪兼有测温和控温两种功能，但是所测温度往往不准确，需要用温度计进行校正。

较为简单的控制温度方法是调节电加热元件的输入功率，使加热和热量散失达到平衡，但是该种方法不够准确，而且不够安全。使用温度控制器如控温仪和触点温度计能够非常有效和准确地控制反应温度。控温仪的温敏探头置于加热介质中，其产生的电信号输入控温仪中，并与所设置的温度信号相比较。当加热介质未达到设定温度时，控温仪的继电器处于闭合状态，电加热元件继续通电加热；加热介质的温度高于设定温度时，继电器断开，电加热元件不再工作。触点温度计需与一台继电器连用，工作原理同上，皆是利用继电器控制电加热元件的工作状态达到控制和调节温度的目的。

要获得良好的恒温系统，除了使用控温设备外，选择适当的电加热元件的功率、电加热介质和调节体系的散热情况也是必需的。

二、搅　拌

高分子化学实验中经常接触到的化学物质是高分子。高分子化合物具有高黏度特性，无论是溶液状态还是熔体状态，如果要保持高分子化学实验过程中混合的均匀性和反应的均匀性，搅拌尤为显得重要。搅拌不仅可以使反应组分混合均匀，还有利于体系的散热，避免发生局部过热而爆聚。搅拌方式通常为磁力搅拌和机械搅拌。

1. 磁力搅拌器

磁力搅拌器中的小型电机能带动磁铁转动，将一颗磁子放入容器中，磁场的变化使磁子发生转动，从而起到搅拌效果。磁子内含磁铁，外部包裹着聚四氟乙烯，防止磁铁被腐蚀、氧化和污染反应溶液。磁子的外形有棒状、锥状和椭球状，前者仅适用于平底容器，后两种可用于圆底反应器。根据容器的大小，选择合适大小的磁子，并可以通过调节磁力搅拌器的搅拌速度来控制反应体系的搅拌情况。磁力搅拌器适用于黏度较小或量较少的反应体系。

2. 机械搅拌器

当反应体系的精度较大时，如进行自由基本体聚合和熔融缩聚反应时，磁力搅拌器不能带动磁子转动。反应体系量较多时，磁子无法使整个体系充分混合均匀，在这些情况下需要使用机械搅拌器。进行乳液聚合和悬浮聚合，需要强力搅拌使单体分散成微小液滴，这也离不开机械搅拌器。

机械搅拌器一般有调速装置，有的还有转速指示，但是真实的转速往往由于电压的不稳定而难以确定，这时可用市售的光电转速计来测定，只需将一小块反光铝箔贴在搅拌棒上，将光电转速计的测量夹具置于铝箔平行位置，直接从转速计显示屏上读数即可。

安装搅拌器时，首先要保证电机的转轴绝对与水平垂直，再将配好导管的搅拌棒置于转轴下端的搅拌棒夹具中，拧紧夹具的旋钮。调节反应器的位置，使搅拌棒与瓶口垂直，并处在瓶口中心，再将搅拌导管套入瓶口中。将搅拌器开到低挡，根据搅拌情况，小心调节反应装置位置至搅拌棒平稳转动，然后才可装配其他玻璃仪器，如冷凝管和温度计等。装入温度计和氮气导管时，应该关闭搅拌，仔细观察温度计和氮气导管是否与搅拌棒有接触，再行调节它们的高度。

三、蒸　馏

高分子化学实验中经常会用到蒸馏的场合是单体的精制、溶剂的纯化和干燥以及聚合物溶液的浓缩，根据待蒸馏物的沸点和实验的需要可使用不同的蒸馏方法。

（一）普通蒸馏

在有机化学实验中，我们已经接触到普通蒸馏，蒸馏装置由烧瓶、蒸馏头、温度计、冷凝管、接液管和收集瓶组成。为了防止液体爆沸，需要加入少量沸石，磁力搅拌也可以起到相同效果。

（二）减压蒸馏

实验室常用的烯类单体沸点比较高，如苯乙烯为 145 ℃、甲基丙烯酸甲酯为 100.5 ℃、丙烯酸甲酯为 145 ℃，这些单体在较高温度下容易发生热聚合，因此不宜进行常规蒸馏。高沸点溶剂的常压蒸馏也很困难，降低压力会使溶剂的沸点下降，可以在较低的温度下得到溶剂的馏分。在缩聚反应过程中，为了提高反应程度、加快聚合反应进行，需要将反应产生的小分子产物从反应体系中脱除，这也需要在减压下进行。待蒸馏物的沸点不同，减压蒸馏所需的真空度也各异。实用中将真空划分为粗真空（1~100 kPa）、中真空（1~1 kPa）和高真空（小于 1 Pa），真空的获得是通过真空泵来实现的。

1. 真空泵

真空泵根据工作介质的不同可分为两大类：水泵和油泵。水泵所能达到的最高真空度除与泵本身的结构有关外，还取决于水温（此时水的蒸气压为水泵所能达到的最低压力），一般可以获得 1~2 kPa 的真空，例如 30 ℃时可达到 4.2 kPa，10 ℃时可提升至 1.5 kPa，适用于苯乙烯、甲基丙烯酸甲酯和丙烯酸丁酯的减压蒸馏。水泵结构简单，使用方便，维护容易，一般不需要保护装置。为了维持水泵良好的工作状态和延长它的使用寿命，最好每使用一次就更换水箱中的水。

真空油泵是一种比较精密的设备，它的工作介质是特制的高沸点、低挥发的泵油，它的效能取决于油泵的机械结构和泵油的质量。固体杂质和腐蚀性气体进入泵体都可能损伤泵的内部、降低真空泵内部构件的密合性，低沸点的液体与真空泵油混合后，使工作介质的蒸气压升高，从而降低了真空泵的最高真空度。因此真空油泵使用时需要净化干燥等保护装置，以除去进入泵中低沸点溶剂、酸碱性气体和固体微粒。首次使用三相电机驱动的油泵，应检查电机的转动方向是否正确，及时更换电线的相位，避免因反转而导致喷油，然后加入适当量的泵油。除了上述保护措施外，还应该定期更换泵油，必要时使用石油醚清洗泵体，晾干后再加入新的泵油。油泵可以达到很高的真空度，适用于高沸点液体的蒸馏和特殊的聚合反应。

2. 减压蒸馏系统

减压蒸馏系统是由蒸馏装置、真空泵和保护检测装置三个部分组成。蒸馏装置在大多数情况下使用克氏蒸馏头，直口处插入 1 个毛细管鼓泡装置，也可以使用普通蒸馏头而用多口瓶，毛细管由支口插入液面以下。鼓泡装置可以提供沸腾的汽化中心，防止液体暴沸。对于阴离子聚合等使用的单体，要求绝对无水，因此不能使用鼓泡装置，变通的做法是加入沸石和提高磁力搅拌速度来预防，减压时应该缓缓提高体系的真空度，达到要求后再进行加热。减压蒸馏使用带抽气口和防护滴管的接液管，可以防止液体直接泄露到真空泵中。真空泵是减压蒸馏的核心部分，根据待蒸馏化合物的沸点和化合物的用途，选用适当的真空泵。

真空泵和蒸馏系统之间常常串联保护装置，以防止低沸点物质和腐蚀性气体进入真空泵。以液氮充分冷却的冷阱能使低沸点、易挥发的馏分凝固，从而十分有效地防止它们进入真空泵，但是当出现液体爆沸时，会使冷阱被堵塞，影响到减压蒸馏的正常进行。在冷阱与蒸馏系统之间置三通活塞，调节真空度和抽气量，可以避免液体暴沸，这种简单的保护设施可适用于普通单体和溶剂的减压蒸馏。

四、试剂的称量和转移

固体试剂基本上是采用称量法，可在不同类型的天平上进行，如托盘天平、分析天平和电子分析天平。分析天平是高精密仪器，使用时应严格遵守使用规则，平时还要妥善维护。电子天平的出现使高精度称量变得十分简单和容易，使用时应该注意它的最大负荷，避免试剂散失到托盘上。称量时，应借助适当的称量器具，如称量瓶、合适的小烧杯和洁净的硫酸纸。除了称量法以外，液体试剂可直接采用量体积法，需要用到量筒、注射器和移液管等不同量具。气体量的确定较为困难，往往采用流量乘以通气时间来计算，对于储存在小型储气瓶中的气体也可以采用称量法。

进行聚合反应，不同试剂需要转移到反应装置中。一般应遵循先固体后液体的原则，这样可以避免固体黏在反应瓶的壁上，还可以利用液体冲洗反应装置。为了防止固体试剂散失，可以利用滤纸、硫酸纸等制成小漏斗，通过小漏斗缓慢加入固体。在许多场合下液体试剂需要连续加入，这需要借助恒压滴液漏斗等装置，严格的试剂加入速度可通过恒流蠕动泵来实现，流量可在几微升/分钟至几毫升/分钟内调节。气体的转移则较为简单，为了利于反应，通气管口应位于反应液面以下。

在高分子化学实验中，会接触到许多对空气、湿气等非常敏感的引发剂，如碱金属、有机锂化合物和某些离子聚合的引发剂（萘钠、三氟磺酸等）。在进行离子型聚合和基团转移聚合时，需要将绝对无水试剂转移到反应装置。这些化学试剂的量取和转移需要采取特殊的措施，以下列举几例：

（1）碱金属（锂、钠和钾）。取一洁净的烧杯，盛放适量的甲苯或石油醚，将粗称量的碱金属放入溶剂中。借助镊子和小刀，将金属表面的氧化层刮去，快速称量并转移到反应器中，少量附着于表面上的溶剂可在干燥氮气流下除去。

（2）离子聚合的引发剂。少量液体引发剂可借助干燥的注射器加入，固体引发剂可事先溶解在适当溶剂中再加入，较多量的引发剂可采用内转移法。

（3）无水溶剂。绝对无水的溶剂最好采用内转移法进行，溶剂加入完毕，将针头抽出。

第三节　学习方法

一、开设目的

通过高分子化学实验，可以获得许多感性认识，加深对高分子化学基础知识和基本原理的理解；通过高分子化学实验课程的学习，能够熟练和规范地进行高分子化学实验的基本操作，掌握实验技术和基本技能，了解高分子化学中采用的特殊实验技术，为以后的科学研究工作打下坚实的实验基础。在实验过程中，学生需要提出问题、查阅资料、设计实验方案、动手操作、观察现象、收集数据、分析结果和提炼结论，这也是个进行课题研究的锻炼过程。进行高分子化学实验，除了知识基础和能力因素以外，严谨务实的工作态度、乐于吃苦的工作精神、存疑求真的科学品德和团结合作的工作风格也是必不可少的。因此，高分子化学实验过程的教学重点是传授高分子化学的知识和实验方法，然而训练科学研究的方法和思维、培养科学品德和科学精神更为重要。

二、学习方法

高分子化学实验课程的学习以学生动手操作为主，辅以教师必要的指导和监督。一个完整的高分子化学实验课由实验预习、实验操作和实验报告三部分组成。

1. 实验预习

无论是现在做普通实验还是以后从事科学研究，在进行一项高分子化学实验之前，首先要对整个实验过程有所了解，对于新的高分子合成化学反应更要有充分的准备。要带着问题做实验预习，如为什么要做这个实验，怎样顺利完成这个实验，做这个实验得到什么收获。预习过程要做到看（实验教材和相关资料）、查（重要数据）、问（提出疑问）和写（预习报告和注意事项）。通过预习需要了解以下方面的内容：

（1）实验目的和要求；

（2）实验所涉及的基础知识、实验原理；

（3）实验的具体过程；

（4）实验所需要的化学试剂、实验仪器和设备以及实验操作；

（5）实验过程中可能会出现的问题和解决方法。

在高年级学生做毕业论文时，会接触到新的实验，预习过程还包括文献的查阅、实验方案的拟定和实验过程的设想，不明白之处要多查多问。自己做实验时，玻璃仪器和电器都需要自己准备，切不要事到临头缺少器物，影响实验的正常进行。

2. 实验操作

高分子化学实验，一般需要很长时间，过程进行中需要仔细操作、认真观察和真实记录，做到以下几点：

（1）认真听实验老师的讲解，进一步明确实验进行过程、操作要点和注意事项。

（2）搭置实验装置、加入化学试剂和调节实验条件，按照拟定的步骤进行实验，既要细心又要大胆操作，如实记录化学试剂的加入量和实验条件。

（3）认真观察实验过程发生的现象，获得实验必需的数据（如反应时间、馏分的沸点等），并如实记录到实验报告本上。

（4）实验过程中应该勤于思考，认真分析实验现象和相关数据，并与理论结果相比较。遇到疑难问题，及时向实验指导老师和他人请教；发现实验结果与理论不符，仔细查阅实验记录，分析原因。

（5）实验结束，拆除实验装置、清理实验台面、清洗玻璃仪器和处置废弃化学试剂。实验记录经指导老师查阅后，方可离开实验室。

3. 实验报告

做完实验后，需要整理实验记录和数据，把实验中的感性认识转化为理性知识，做到：

（1）根据理论知识分析和解释实验现象，对实验数据进行必要处理，得出实验结论，完成实验思考题。

（2）将实验结果和理论预测进行比较，分析出现的特殊现象，提出自己的见解和对实验的改进。

（3）独立完成实验报告，实验报告应字迹工整、叙述简明扼要、结论清楚明了。完整的实验报告包括：实验题目、实验目的、实验原理（自己的理解）、实验记录、数据处理、结果和讨论。

三、实验规则

1. 实验室规则

（1）实验前应充分预习，实验完成后应在规定时间内交实验报告。

（2）爱护仪器设备，凡有损坏和遗失仪器、工具和其他物品者，应填写报损单或进行登记。公用仪器、药品和工具等在称量和使用完毕应放回原处，节约水电、仪器和药品，避免浪费。

（3）实验过程中应专心致志，认真如实地记录实验现象和数据，不得在实验过程中进行与实验无关的活动。实验结束，记录需经指导老师批阅。

（4）保持整洁的实验环境，不要乱撒药品、溶剂和其他废弃物，废弃溶剂和试剂倒入指定的回收容器内。实验结束后，整理实验台面，清洗使用过的仪器，由值日生打扫实验室，并经检查后方能离去。

（5）严格遵守操作规范和安全制度，防止事故发生。如出现紧急情况，立即报告教师做及时处理。学会普通实验仪器的维护和简单修理，是高年级本科生和研究生必须掌握的基本技能，也会给自己的论文研究工作带来许多方便。

2. 实验室安全规范

高分子化学实验，经常使用易燃、有毒等危险试剂，为了防止事故的发生，必须严格遵守下列安全规范。

（1）实验进行之前，应熟悉相关仪器和设备的使用，实验过程中严格遵守使用操作规范。

（2）蒸馏易燃液体时，保持塞子不漏气，同时保持接液管出气口的通畅。

（3）使用水浴、油浴或加热套等进行加热操作时，不能随意离开实验岗位；进行回流和蒸馏操作时，冷凝水不必开得太大，以免水流冲破橡皮管或冲开接口。

（4）如果出现火警，需保持镇静，立即移去周围易燃物品，切断火源，同时采取正确的灭火方法，将火扑灭。

（5）禁止用手直接取剧毒、有腐蚀性和其他危险的药品，必须使用橡胶手套，严禁用嘴尝试化学试剂和嗅闻有毒气体。在进行有刺激性、有毒气体或其他危险实验时，必须在通风橱中进行。

（6）易燃、易爆、剧毒的试剂，应有专人负责保存于合适场所，不得随意摆放，取用和称量需遵从相关规定。

（7）实验完毕，应检查电源、水阀和煤气管道是否关闭，特别在暂时离开时，应交代他人代为照看实验过程。

第二章　基础实验

第一节　自由基聚合实验

实验一　单体、引发剂和溶剂的精制

一、实验目的

（1）学会使用碱液洗涤、减压蒸馏的方法除去单体（MMA）和溶剂（st）中的阻聚剂等杂质。

（2）学会通过重结晶的方法对引发剂（BPO）进行分离纯化。

二、实验原理

单体中含有多种杂质，如生产过程中引入的副产物（苯乙烯中的乙苯和二乙烯苯）和销售时加入的阻聚剂（对苯二酚和对叔丁基苯酚），单体运输过程中与氧接触形成的氧化物或还原物（二乙烯单体中的过氧化物，苯乙烯中的苯乙醛）以及少量聚合物。所以试剂的纯化对聚合反应而言是至关重要的，极少量的杂质往往会影响反应的进程，离子聚合反应对杂质尤为敏感，而阴离子聚合反应还要求绝对无水。固体单体常用的纯化方法是结晶和升华，液体单体可采用减压蒸馏、在惰性气氛下分馏的方法进行纯化，也可以制备色谱分离纯化单体。单体杂质可采用下列措施除去：① 酸性杂质（包括阻聚剂酚类）用稀碱溶液洗涤除去，碱性杂质（包括阻聚剂苯胺）可用稀酸溶液洗涤除去。② 单体中的水分可用干燥剂除去，如无水氯化钙、无水硫酸钠、氢化钙或钠。③ 单体通过活性氧化铝、分子筛或硅胶柱，其中含羟基和羰基的杂质可除去。④ 用减压蒸馏法除去单体中的难挥发杂质。

三、实验仪器和材料

1．实验仪器

100 mL 量筒，250 mL 分液漏斗，100 mL 烧杯，玻璃棒，250 mL 锥形瓶 2 个（干燥、干净），蒸馏装置（圆底烧瓶 3 个、直流冷凝管、克式蒸馏头、三叉燕尾管、温度计、毛细管），

表面皿，布氏漏斗，抽滤瓶。

2. 实验材料

甲基丙烯酸甲酯（MMA）、苯乙烯（St）、氢氧化钠、蒸馏水、过氧化苯甲酰（BPO）、甲醇、氯仿、无水硫酸钠。

四、实验步骤

（1）取 10 g 氢氧化钠固体溶于 200 mL 水中，配成 5%的碱液备用。

（2）St 的纯化：用量筒量取 60 mL St 于分液漏斗中，用 15~20 mL 碱液洗涤 2~3 次，废液从下口放出，再用水洗涤 2~3 次，用 pH 试纸检验溶液，至呈中性。将液体从上口倒入干净干燥的锥形瓶，加适量无水硫酸钠除水。静置干燥一段时间后，将液体倒入圆底烧瓶，减压蒸馏（装置如图 2-1）。用碱液洗涤时上层为黄色，下层为红色，并且下层颜色随洗涤次数的增多而变淡。减压蒸馏温度为 40 ℃，蒸出的液体呈无色透明。计算产率。

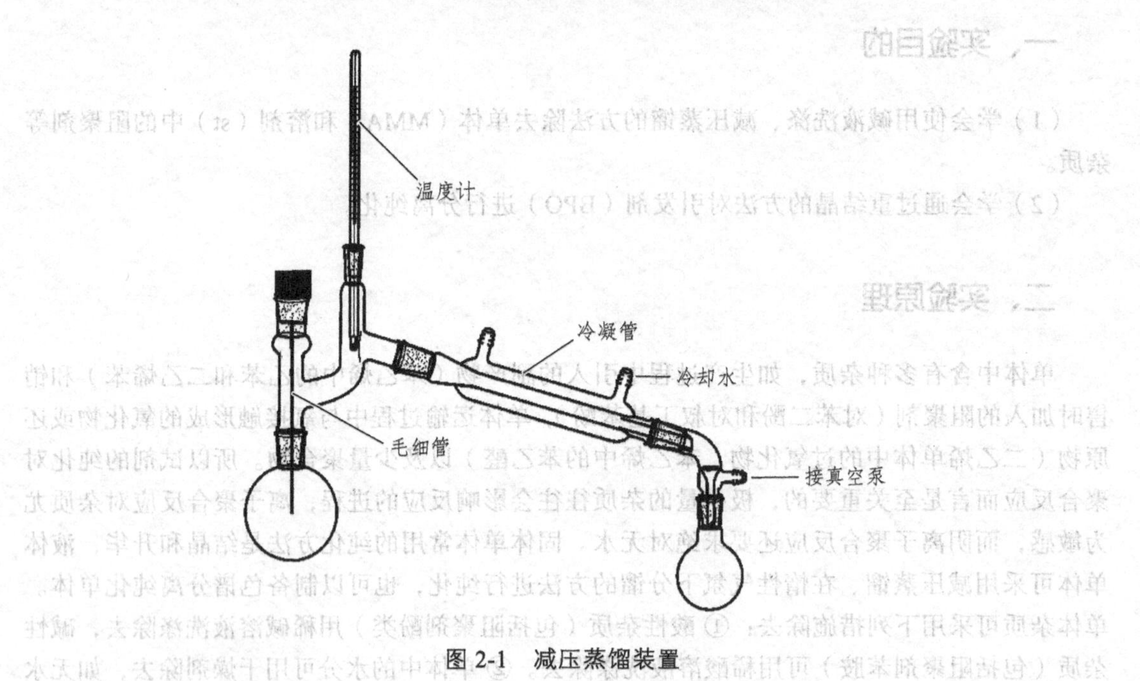

图 2-1　减压蒸馏装置

（3）MMA 的纯化：用量筒量取 100 mL MMA 于分液漏斗中，用 15~20 mL 碱液洗涤 2~3 次，废液从下口放出，再用水洗涤 2~3 次，用 pH 试纸检验溶液，至呈中性。将液体从上口倒入干净干燥的锥形瓶，加适量无水硫酸钠除水。静置干燥一段时间后，将液体倒入圆底烧瓶。用碱液洗涤分层时中间有乳化层出现，上层为无色，下层为棕色，并且下层颜色随洗涤次数的增多而变淡（工业生产的 MMA 中加入了对苯二酚作为阻聚剂，对苯二酚易氧化成苯醌，而苯醌结合了自由基后会由紫色变为黄色）。用水洗涤后变成浑浊的白色，加硫酸钠干燥后又变澄清（MMA 在水中溶解度不好会形成乳浊液）。减压蒸馏温度为 24 ℃（第二次为 46 ℃），蒸出的液体呈无色透明。计算产率。

（4）BPO 的纯化：称取约 5 g BPO 样品，加入 25 mL 氯仿溶解后，再加 60~70 mL 甲醇，放入表面皿中。5 g BPO 在 25 mL 氯仿中溶解性不是很好，加入甲醇后先溶解后有大量白色针状晶体析出。计算产率（BPO 在甲醇中溶解度不高，在氯仿中溶解度较高，而氯仿与甲醇互溶，所以在 BPO 的氯仿溶液中加入甲醇将会使 BPO 析出）。

五、注意事项

（1）减压蒸馏要求装置气密性要好，所以仪器接口处要涂凡士林。
（2）加沸石防止暴沸。
（3）要先抽气再加热。
（4）实验结束要慢慢把气压降下来，再拔抽气管，关真空泵。

六、讨论和思考题

（1）商品中的烯类单体为什么要加入阻聚剂？
（2）如何检测单体的纯度？
（3）为什么需要在较低温度下进行引发剂的精制？

实验二　甲基丙烯酸甲酯的本体聚合（有机玻璃板的制备）

一、实验目的

（1）了解甲基丙烯酸甲酯的自由基聚合原理，掌握本体聚合的方法。

（2）熟悉有机玻璃的制备及成型方法。

二、实验原理

本体聚合是指单体在少量引发剂下或者直接在热、光和辐射作用下进行的聚合反应，因此本体聚合具有产品纯度高、无须后处理等特点。本体聚合常常用于实验室研究，如聚合动力学的研究和竞聚率的测定等。工业上多用于制造板材和型材，所用设备也比较简单。本体聚合的缺点是散热困难，易发生凝胶效应，工业上常采用分段聚合的方式。

有机玻璃板是甲基丙烯酸甲酯（MMA）通过本体聚合方法制成，聚合热为 56.5 kJ/mol，反应方程式如下。聚甲基丙烯酸甲酯（PMMA）具有优良的光学性能、密度小、机械性能、耐候性好。在航空、光学仪器，电器工业、日用品方面有着广泛用途。PMMA 在本体聚合中的突出特点是有“凝胶效应”，即在聚合过程中，当转化率达 10%~20%时，聚合速率突然加快。物料的黏度骤然上升，以致发生局部过热现象。其原因是随着聚合反应的进行，物料的黏度增大，活性增长链移动困难，致使其相互碰撞而产生的链终止反应速率常数下降；相反，单体分子扩散作用不受影响，因此活性链与单体分子结合进行链增长的速率不变，总的结果是聚合总速率增加，以致发生爆发性聚合。由于本体聚合没有稀释剂存在，聚合热的排散比较困难，“凝胶效应”放出大量反应热，使产品含有气泡影响其光学性能。因此在生产中要通过严格控制聚合温度来控制聚合反应速率，以保证有机玻璃产品的质量。

$$n\mathrm{H_2C{=}\underset{\large CH_3}{\underset{|}{C}}-\overset{\large O}{\overset{\|}{C}}-O-CH_3}\xrightarrow{\text{BPO}}\left[\mathrm{H_2C-\underset{\large CH_3}{\underset{|}{\overset{\overset{\large O}{\overset{\|}{C}}-O-CH_3}{\overset{|}{C}}}}}\right]_n$$

甲基丙烯酸甲酯本体聚合制备有机玻璃常常采用分段聚合方式，先在聚合釜内进行预聚合，后将预聚合物浇注到制品型模内，再开始缓慢后聚合反应聚合成型。预聚合有几个好处，一是缩短聚合反应的诱导期并使“凝胶效应”提前到来，以便在灌模前移出较多的聚合热，以利于保证产品质量；二是可以减少聚合时的体积收缩，因 MMA 由单体变成聚合物，体积要缩小 20%~22%，通过预聚合可使收缩率小于 12%，另外浆液黏度大，可减少灌模的渗透损失。

三、实验仪器和材料

1. 实验仪器

100 mL 三角烧瓶（标准口）、回流冷凝管、磁力搅拌恒温水浴锅、玻璃漏斗、试管或其他形状的玻璃模具。

2. 实验材料

甲基丙烯酸甲酯（MMA，20 g 约 21 mL）、过氧化二苯甲酰（BPO 引发剂，0.05 g）。

四、实验步骤

1. 预聚物的制备

准确称取 70 mg 过氧化苯甲酰，50 g 甲基丙烯酸甲酯，混合均匀，加入配有冷凝管和通氮的三口瓶中，水浴加热并开动电磁搅拌，逐步升温至 50 ℃左右，反应 30~60 min，体系达到一定黏度（相对于甘油的两倍，转化率为 7%~17%），停止加热，迅速冷却至 50 ℃。

2. 制　模

取两块玻璃板洗净，烘干。玻璃板外垫上适当厚度的垫片，并预留一注料口。在烘箱中烘干后，取出垫片。

3. 成　型

将上述预留物浆液通过注料口缓缓加入模腔内，注意排净气泡。放置 10 min 后待膜腔灌满后密封好，将模子的注料口朝上垂直放入烘箱内，于 50 ℃继续聚合 20 h，体系固化失去流动性至 100 ℃保温 1 h，打开烘箱，自然冷却至室温。除去牛皮纸，小心撬开玻璃板，取出制品，洗净，吹干。

五、注意事项

（1）本实验所用试剂甲基丙烯酸甲酯属易燃品，有一定毒性，且具有恶臭气味。

（2）所用引发剂为易爆、有毒、有害。

（3）根据上述物性特征，在使用时，要按规定的安全操作规程进行。

① 使用引发剂时，要轻拿轻放，因引发剂有一定吸湿性，易结块严禁用力撞击。

② 使用试剂及药品时，严禁烟火、明火接触。

③ 在实验过程中，因单体有一定恶臭味，要做好个人防护，为防止单体在升温过程中大量挥发，最好在恒温水浴的温度已达反应温度时，再加单体。

④ 为防止爆聚，一定要控制好反应温度及反应时间，通常反应温度越高，反应速率越快，反应时间越短。最好反应温度不宜超过 82 ℃[（80±1）℃]。第一阶段的反应参考对应的时间在 30~60 min，判定第一阶段结束的指标为观察黏度变化，当用玻璃棒轻点反应液出现拉丝的

现象，即达到第一阶段反应完成（转化率 7%~17%）。

六、讨论和思考题

（1）自动加速效应是怎么产生的？对聚合反应有什么影响？

（2）本体聚合与其他聚合为何要在低温下聚合然后升温，如何避免有机玻璃中产生气泡？

实验三　苯乙烯的悬浮聚合

聚苯乙烯是由苯乙烯单体（SM）聚合而成的，可由多种合成方法聚合而成，目前工业上主要采用本体聚合法和悬浮聚合法。由于其价廉、易加工等优点而得到广泛应用。目前，聚苯乙烯在世界热塑性树脂中，产量名列第四，居聚乙烯、聚氯乙烯和聚丙烯之后。PS是一种热塑性非结晶性树脂，无色、无臭、无味而有光泽的、透明的颗粒；质轻、价廉、吸水性低、着色性好、尺寸稳定、电性能好、制品透明、加工容易；可溶于芳香烃、氯代烃、脂肪族酮和酯，但在丙酮中只能溶胀；可耐某些矿物油、有机酸、碱、盐、低级醇及其水溶液的作用。广泛用于日用品、电气仪表外壳、玩具、灯具、家用电器、文具、化妆品容器等。

一、实验目的

（1）掌握悬浮聚合的基本配方、操作要点。

（2）掌握影响聚合物珠粒大小的主要因素。

（3）了解聚合物化学反应的一般规律。

二、实验原理

悬浮聚合是非水溶性单体或水溶解度很低的单体，在溶解有分散剂（或悬浮剂）的水中借助于机械搅拌作用被分散成细小液滴（粒径 0.05~2 mm）而进行的聚合反应。从动力学观点看，悬浮聚合与本体聚合本质上相同，因引发剂溶于单体中，链的引发、增长和终止均在单体-聚合物微粒中进行，只是在形成上，悬浮聚合将单体“化整为零”分散在水中形成微珠而已。

用水作介质，聚合热的扩散和温度控制都比较容易，但当单体聚合到一定的程度，由于所形成的聚合物能溶解在其单体中，使聚合物-单体颗粒具有很大的黏性，颗粒与颗粒很容易碰撞黏结在一起，故在聚合过程中怎样保护具有很大黏性的单体-聚合物微粒使之继续单独存在而不发生彼此间的粘连，直至反应完毕是至关重要的。为此，体系中必须加稳定剂（保护剂、悬浮剂），把单体-聚合物微粒包裹起来。这类稳定剂有碳酸钙、碳酸镁粉末、明胶、聚乙烯醇等。

聚合物的性质、珠粒的大小受许多因素的影响，如单体和分散介质以及保护剂的用量、反应温度、搅拌强度等。其中，搅拌速度影响明显，过快，则颗粒太小，过慢，则易黏结成块。

悬浮聚合产物相对分子质量高于溶液聚合而与本体聚合接近，相对分子质量分布小于本体聚合；聚合物纯净度高于溶液聚合而稍低于本体聚合；聚合物呈珠粒状，后处理和加工使用都比较方便，生成成本也较低。因此，悬浮聚合称为最重要的自由基聚合反应方法，许多聚合物差不多都是通过悬浮聚合制得，如 PS、PVC、PMMA 和离子交换树脂母体等。

本实验采用悬浮聚合方法合成苯乙烯-二乙烯苯共聚珠粒。

共聚反应：

$$H_2C{=}CH(C_6H_5) + H_2C{=}CH{-}C_6H_4{-}CH{=}CH_2 \xrightarrow{BPO} \sim H_2C{-}CH(C_6H_5){-}CH_2{-}CH(C_6H_4{-}CH{-}CH_2\sim){-}CH_2{-}CH(C_6H_5)\sim$$

三、实验仪器和材料

1. 实验仪器

“标准高分子合成装置”1 套（配有电动搅拌器、水冷回流冷凝管、自动控温电加热水浴和 100 ℃温度计的 250 mL 玻璃三口瓶），电子天平、尼龙滤布、移液管、吸管、烧杯等常用玻璃仪器。

2. 实验材料

苯乙烯（C.P）9 mL、二乙烯苯（C.P）1 mL、BPO（C.P）0.15 g、明胶（C.P）0.5 g、去离子水 50 mL、次甲基蓝（0.5%水溶液）3~5 滴。

四、实验步骤

（1）安装仪器，检查搅拌电机运转是否正常。

（2）依次将称量好的明胶和去离子水加入三口瓶，开启搅拌器并加热，升温至 80 ℃使明胶完全溶解，冷却到 50 ℃，停止搅拌，待加单体。

（3）依次量取单体、二乙烯苯加入 50 mL 烧杯，再加入称量的 BPO，用玻璃棒搅拌溶解，小心地加入三口瓶（注意：加该混合液体时先停止搅拌）。

（4）缓慢地，由慢而快地耐心调节搅拌电机转速，使单体液滴逐渐变小，并观察液滴粒径达到 0.3~0.8 mm 时维持搅拌速度恒定。加热，使温度达到 85 ℃，滴加 3~5 滴次甲基蓝溶液，该温度下聚合 1.5 h。

（5）升高温度使水浴达到沸腾，继续聚合 1 h。

（6）用水浴锅内的热水洗涤树脂数遍，用尼龙滤布滤出珠状树脂，自然晾干。

五、注意事项

悬浮聚合初期搅拌速度的调节直接关系到珠粒大小和粒度分布，因此需要特别耐心，避免由快到慢和速度大起大落地变化。在珠粒开始发黏阶段绝对不可停止搅拌，否则珠粒将黏结成块而使实验失败。

六、讨论和思考题

（1）如何控制产品珠粒的大小。

（2）本体聚合与悬浮聚合的区别。

（3）本实验中悬浮聚合实施方法所采用的聚合反应机理。

实验四　苯乙烯的乳液聚合

一、实验目的

（1）了解乳液聚合的原理和乳液聚合的方法。

（2）学习并了解乳液聚合和其他聚合方法的区别。

二、实验原理

乳液聚合是以大量水为介质，在此介质中使用能够使单体分散的水溶性聚合引发剂，并添加乳化剂（表面活性剂），以使油性单体进行聚合的方法。所生成的高分子聚合物为微细的粒子悬浮在水中的乳液。

单体：能进行乳液聚合的单体数量很多，其中应用比较广泛的有：乙烯基单体，如苯乙烯、乙烯、醋酸乙烯酯、氯乙烯、偏二氯乙烯等；共轭二烯单体，如丁二烯、异戊二烯、氯丁二烯等；丙烯酸及甲基丙烯酸系单体，如甲基丙烯酸甲酯、甲基丙烯酸丁酯、丙烯酸甲酯等。

引发剂：与悬浮聚合不同，乳液聚合所用的引发剂是水溶性的，而且由于高温不利于乳液的稳定性，引发体系产生的自由基的活化能应当很低，使聚合可以在室温甚至更低的温度下进行。常用的乳液聚合引发剂有：热分解引发剂，如过硫酸铵$[(NH_4)_2S_2O_8]$、过硫酸钾$(K_2S_2O_8)$；氧化还原引发剂，如过硫酸钾-氯化亚铁体系、过硫酸钾-亚硫酸钠体系、异丙苯过氧化氢-氯化亚铁体系等。

乳化剂：乳化剂是可以形成胶束的一类物质，在乳液聚合中起着重要的作用，常见的乳液聚合体系的乳化剂为负离子型，如十二烷基苯磺酸钠、十二烷基硫酸钠等。乳化剂具有降低表面张力和界面张力、乳化、分散、增溶作用。

三、实验仪器和材料

1. 实验仪器

三口瓶、回流冷凝管、电动搅拌器、恒温水浴锅、温度计、量筒、烧杯、布氏漏斗、抽滤瓶、水泵、电子天平。

2. 实验材料

苯乙烯、过硫酸钾、十二烷基磺酸钠、蒸馏水、氯化钠。

四、实验步骤

（1）实验分两组，一组称取$K_2S_2O_8$ 0.3000 g，另外一组称取0.6000 g，放于干净的50 mL

烧杯中，用 10 mL 蒸馏水配成溶液。

（2）在装有温度计、搅拌器、水冷凝管的 150 mL 三口瓶（图 2-2）中加入 50 mL 去离子水（或蒸馏水）、乳化剂。开始搅拌并水浴加热，当乳化剂充分溶解后，加入 20 mL 苯乙烯单体，搅拌。当瓶内温度达 80 ℃左右时，加入配制好的过硫酸铵溶液，迅速升温至 88~90 ℃，并维持此温度约 3 h，而后停止反应。

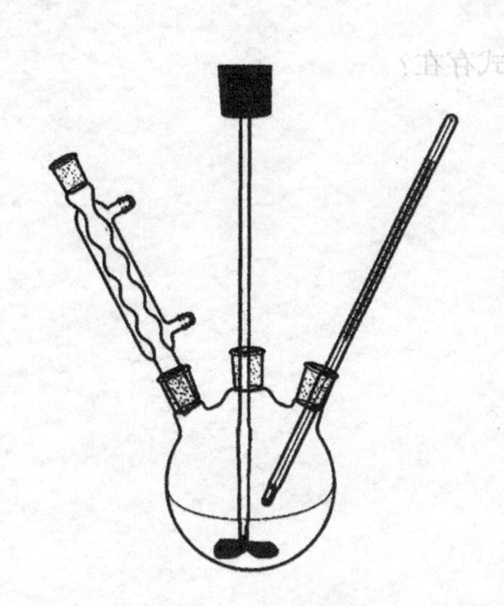

图 2-2 实验装置图

（3）将乳液倒入 150 mL 烧杯中，加入 NaCl，迅速搅拌使乳液凝聚。

（4）取第二步反应后的乳液一滴，置于显微镜下观察颗粒大小。抽滤，用热水和乙醇洗涤，烘干，并计算产率。

实验现象及分析：在（2）中应先加单体再加引发剂，且溶液为白色，微带蓝色，这是因为苯乙烯由于乳化剂的存在，形成乳浊液，表现为白色液体，但苯乙烯单体原有颜色为蓝色。在（3）中当把乳液倒入 NaCl 后有白色絮状物产生，由于乳液聚合是在乳化剂形成的胶束中进行，且由于胶束表面带电才会产生胶束之间的静电斥力作用，而使得胶束之间不会碰到一起而聚并。所以，加入 NaCl，就引入了正负离子，正负离子落到胶束表面时就会破坏胶束表面的电荷分布情况，使胶束不稳定而破坏，释放出单体与聚合物颗粒。

乳液聚合的优缺点：

优点：水做分散介质，传热控温容易；可在低温下聚合；聚合速率快，相对分子质量高；可直接得到聚合物乳胶。

缺点：要得到固体聚合物，后处理麻烦；成本较高；难以除尽乳化剂残留物。

五、注意事项

（1）乳化剂要限量加入，不可过多。

（2）保证乳化剂充分溶解，使其形成大量的胶束。单体滴加要慢使其形成小液滴与乳化剂形成稳定的大量的单体胶束或胶粒包。

（3）保持转速稳定。

六、讨论和思考题

（1）与其他聚合方法相比较，乳液聚合的特点是什么？有何缺点？

（2）破乳为何加 NaCl?

（3）乳化剂以哪几种形式存在？

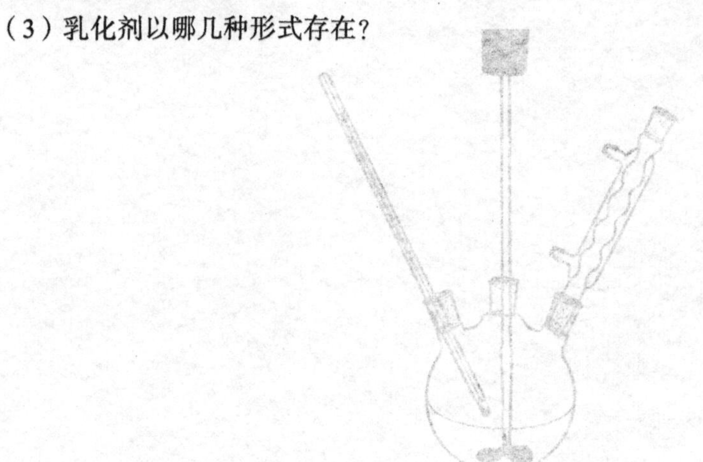

实验五 三聚氰胺-甲醛树脂的合成

一、实验目的

（1）了解三聚氰胺-甲醛树脂的合成方法及层压板制备。

（2）了解溶液聚合和缩合聚合的特点。

二、实验原理

三聚氰胺（M）-甲醛树脂（F）以及脲醛树脂通常称为氨基树脂。三聚氰胺-甲醛树脂是由三聚氰胺和甲醛缩合而成。缩合反应是在碱性介质中进行，先生成可溶性预缩合物：

$$\text{三聚氰胺（2,4,6-}(NH_2)_3\text{-1,3,5-三嗪）} \xrightarrow{3CH_2O} \text{2,4,6-}(NHCH_2OH)_3\text{-1,3,5-三嗪}$$

这些缩合物是以三聚氰胺的三羟甲基化合物为主，在 pH 值为 8~9 时，特别稳定。进一步缩合（如 N-羟甲基和 NH—基团的失水）成为微溶并最后变成不溶的交联产物。如：

$$—NCHOH + HOCH_2NH— \longrightarrow —NHCH_2—N(CH_2OH)— + H_2O$$

三聚氰胺-甲醛树脂吸水性较低，耐热性高，在潮湿情况下，仍有良好的电气性能，常用于制造一些质量要求较高的日用品和电气绝缘元件。

三、实验仪器和材料

1. 实验仪器

三口瓶（250 mL）1 个、搅拌器 1 套、温度计 2 支、回流冷凝管 1 支、培养皿 1 个、滤纸若干张、恒温浴 1 套、滴管数支、量筒（5 mL）1 支。

2. 实验试剂

三聚氰胺 31.5 g、甲醛水溶液（36%）50 mL、六亚甲基四胺 0.12 g、三乙醇胺 0.15 g（2~3 滴）。

四、实验步骤

1. 预聚体的合成

在一带电动搅拌器、回流冷凝管和温度计的三口瓶中分别加入 50 mL 甲醛溶液和 0.12 g 乌洛托品，搅拌，使之充分溶解，再在搅拌下加入 31.5 g 三聚氰胺，继续搅拌 5 min 后，加热升温至 80 ℃开始反应。

2. 沉淀比的测定

在反应体系转清后 30~40 min 开始测沉淀比。当沉淀比达到 2∶2 时，立即加入 0.15 g（2~3 滴）三乙醇胺，搅拌均匀后撤去热浴，停止反应。

3. 纸张的浸渍

将预聚物倒入一干燥的培养皿中，将 15 张滤纸分张投入预聚物中浸渍 1~2 min；然后用镊子取出，并用玻棒小心地将滤纸表面过剩的预聚物刮掉，用架子固定在绳子上晾干。

4. 实验现象与结果

在实验步骤 1 反应过程中可明显地观察到反应体系由浊转清。

在实验步骤 2，从反应液中吸取 2 mL 样品，冷却至室温，在搅拌下滴加蒸馏水，当加入 2 mL 水后样品变浑浊，并且经摇荡后不转清，说明沉淀比达到 2∶2。

在实验步骤 3 中浸渍均匀透彻。

五、注意事项

缩合反应温度不宜过高，反应时间不宜过长，否则会发生交联，产生不溶不熔物。

六、讨论和思考题

（1）本实验中加入三乙醇胺的作用是什么？

（2）影响三聚氰胺-甲醛树脂质量的主要因素有哪些？

实验六　丙烯酰胺的溶液聚合

一、实验目的

（1）掌握溶液聚合的方法及原理。

（2）学习如何正确地选择溶剂。

（3）掌握丙烯酰胺溶液聚合的方法。

二、实验原理

与本体聚合相比，溶液聚合体系具有黏度低、搅拌和传热比较容易、不易产生局部过热、聚合反应容易控制等优点。但由于溶剂的引入，溶剂的回收和提纯使聚合过程复杂化。只有在直接使用聚合物溶液的场合，如涂料、胶黏剂、浸渍剂、合成纤维纺丝液等，使用溶液聚合才最为有利。

进行溶液聚合时，由于溶剂并非完全是惰性的，对反应要产生各种影响，选择溶剂时要注意其对引发剂分解的影响、链转移作用、对聚合物的溶解性能的影响。丙烯酰胺为水溶性单体，其聚合物也溶于水，本实验采用水为溶剂进行溶液聚合。与以有机物作溶剂的溶液聚合相比，具有价廉、无毒、链转移常数小、对单体和聚合物的溶解性能好的优点。聚丙烯酰胺是一种优良的絮凝剂，水溶性好，广泛应用于石油开采、选矿、化学工业及污水处理等方面。

合成聚丙烯酰胺的化学反应方程式如下：

$$n\ \begin{array}{l} H_2C=CH \\ \qquad\quad | \\ H_2N-C=O \end{array} \longrightarrow \left[\begin{array}{l} -H_2C-CH- \\ \qquad\qquad | \\ \quad H_2N-C \\ \qquad\qquad \| \\ \qquad\qquad O \end{array} \right]_n$$

三、实验仪器和材料

1. 实验仪器

恒温水浴锅、搅拌器、三口烧瓶、球形冷凝管、温度计、吸管、天平、量筒。

2. 实验材料

丙烯酰胺、甲醇、过硫酸钾、蒸馏水。

四、实验步骤

（1）在 250 mL 的三口瓶中，中间口安装搅拌器，另外两口分别装上一个温度计，一个冷凝管。

（2）将 5 g 丙烯酰胺和 80 mL 蒸馏水加入反应瓶中，开动搅拌器，用水浴加热至 30 ℃，使单体溶解；然后把溶解在 10 mL 蒸馏水中 0.05 g 过硫酸铵加入反应瓶中，并用 10 mL 蒸馏水冲洗，逐步升温到 90℃，在 90 ℃反应 1 h。

（3）反应完毕后，将所得产物倒入盛有 25 mL 甲醇的烧杯中，边倒边搅拌，聚丙烯酰胺便会沉淀出来，观察沉淀时现象。

（4）在三口瓶中为无色均相溶液，滴加到 25 mL 乙醇中，振动，得到棉絮状白色物质。

五、注意事项

（1）装搅拌棒时，应先保证搅拌棒竖直，然后可开启搅拌器，调节直到反应器装置稳定为止。

（2）氧气是本实验的阻聚剂，会降低引发剂的效率，所以应尽量减少氧气的混入。

（3）丙烯酰胺分子链含有酰胺基或离子基团，易溶于水，搅拌是为了使溶液浓度均匀，获得均相液；随着反应的进行，单体逐渐合成聚合物，而聚丙烯酰胺是一种水溶性高的线形高分子物质，因此聚丙烯酰胺在水溶液里同样形成均相液，其分子链长，使体系的黏度增加，从而使搅拌速度降低；爬杆现象是因为形成的聚丙烯酰胺黏性很高，在搅拌时导致法向应力增大，且搅拌速度过快而形成的。所以搅拌速度要适中。

六、讨论和思考题

（1）进行溶液聚合时，选择溶剂应注意哪些问题?

（2）工业上在什么情况下采用溶液聚合?

（3）为什么先加单体，再加引发剂，且要将引发剂溶于水中再加入?

（4）如何选择引发剂，选择引发剂需考虑哪些因素?

实验七 聚醋酸乙烯酯乳胶的合成

一、实验目的

（1）了解乳液聚合的特点、体系组成及各组分的作用。

（2）掌握醋酸乙烯酯的乳液聚合的基本实验操作方法。

（3）根据实验现象对乳液聚合各过程的特点进行对比。

二、实验原理

聚醋酸乙烯酯是由醋酸乙烯酯在光或过氧化物引发下聚合而得，根据反应条件，如反应温度、引发剂浓度和溶剂不同，可得到相对分子质量从几千到十几万的聚合物。

聚合反应可按本体、溶液、悬浮或乳液聚合等方式进行，采用何种方法取决于产品的用途。如作为涂料或黏合剂，则采用乳液聚合的方法。聚醋酸乙烯酯作为黏合剂使用（俗称白乳胶），无易燃的有机溶剂，无论木材、纸张或织物均可使用。

醋酸乙烯酯乳液聚合的方法与一般乳液聚合相同，采用过硫酸盐为引发剂。为使聚合反应平稳进行，单体和引发剂均需分批加入。聚合中常用的乳化剂是聚乙烯醇，实际操作中还常把两种乳化剂合并使用，乳化效果和稳定性比单独使用一种要好，本实验选用聚乙烯醇和OP-10复合乳化剂。

三、实验仪器和材料

1. 实验仪器

250 mL 四口烧瓶、搅拌器、温度计、冷凝管、恒压滴液漏斗、水浴锅、50 mL 烧杯。

2. 实验材料

醋酸乙烯酯、聚乙烯醇、乳化剂 OP-10、去离子水、过硫酸铵、碳酸氢钠、邻苯二甲酸二丁酯。

四、实验步骤

（1）在装有搅拌器、回流冷凝管、恒压滴液漏斗和温度计的 250 mL 四口烧瓶加入 80 mL 蒸馏水和 6 g 聚乙烯醇。搅拌并逐步升温到 90~95 ℃，待聚乙烯醇全部溶解后滴入 16 滴 OP-10，自然降温至 60 ℃左右。

（2）将 1 g 过硫酸铵溶于 15 mL 蒸馏水中，配成溶液。将 0.25 g 碳酸氢钠溶于 5 mL 蒸馏水中，配成溶液，备用。

（3）加入 20 mL 醋酸乙烯酯和 2.5 mL 过硫酸铵水溶液，搅拌乳化 10 min。

然后再缓慢升温到 80~85 ℃，在体系转变成乳白色后，再继续反应 30 min，并于 80 ℃开始滴加剩余的 30 mL 醋酸乙烯酯（滴加速度不宜过快），滴完后在 80 ℃保温 15 min，此后将剩余的过硫酸铵水溶液滴入反应体系，并再向反应体系滴加 20 mL 醋酸乙烯酯，全部单体加入完毕后缓慢升温到 85~90 ℃，保温约 60 min 至无单体回流液滴为止。然后冷却至 50 ℃，加入 5 mL 碳酸氢钠水溶液，调整体系的 pH 值到 5~6。最后加入 10 g 邻苯二甲酸二丁酯，搅拌并冷却 30 min，即得到白色的乳液——黏合剂白乳胶。

五、注意事项

（1）聚乙烯醇必须完全溶解。

（2）滴加速度均匀。

（3）升温不能快。

（4）醋酸乙烯酯必须蒸馏。

六、讨论和思考题

（1）聚乙烯醇在反应中的作用?

（2）过硫酸铵在反应中的作用?

（3）调整 pH 值的作用?

第二节　逐步聚合实验

实验八　环氧树脂的制备

一、实验目的

（1）熟悉双酚 A 型环氧树脂的实验室制备方法，掌握环氧树脂的测定方法。

（2）了解环氧树脂这类反应的一般原理，并对这类树脂的结构和应用有所认识。

二、实验原理

凡含有环氧基团的聚合物，总称为环氧树脂。其种类很多，但以双酚 A 型环氧树脂产量最大，用途最广，有通用环氧树脂之称。它是由环氧氯丙烷与丙烷在氢氧化钠作用下聚合而成。反应式如下：

$(n+1)$ HO—C_6H_4—C(CH_3)$_2$—C_6H_4—OH + $(n+2)$ CH_2—CH—CH_2—Cl（环氧，O 桥接） +

双酚A　　　　环氧氯丙烷

$(n+2)$ NaOH ⟶ CH_2—CH—CH_2—O—[—C_6H_4—C(CH_3)$_2$—C_6H_4—O—CH_2—CH(OH)—CH_2—O—]$_n$—C_6H_4—C(CH_3)$_2$—C_6H_4—O—CH_2—CH—CH_2（环氧，O 桥接） + $(n+2)$ NaCl

氢氧化钠

根据不同的原料配比，不同操作条件（如反应介质、温度和加料顺序），可制得不同软化点、不同相对分子质量的环氧树脂（图 2-3）。现生产上将双酚 A 型环氧树脂分为高相对分子质量、中等相对分子质量及低相对分子质量三种。把软化点低于 50 ℃（平均聚合度 $n<2$）的称为低相对分子质量树脂或称软树脂；软化点在 50~95 ℃（n 在 2~5）称为中等相对分子质量树脂；软化点在 100 ℃以上（$n>5$）称为高相对分子质量树脂。

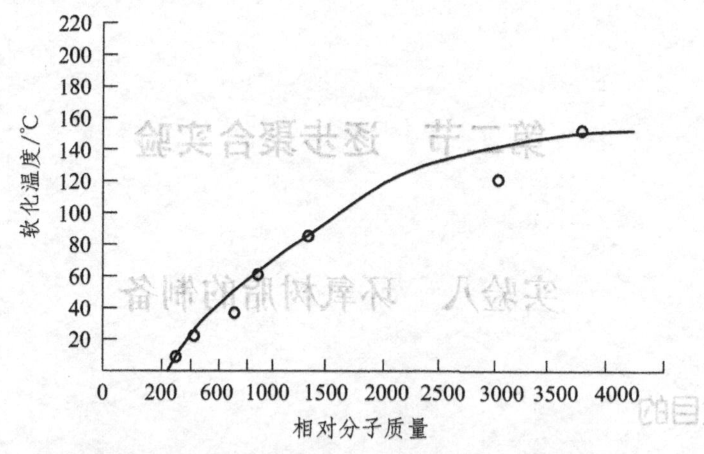

图 2-3 环氧树脂的相对分子质量对软化点的影响

在环氧树脂的结构中有羟基、醚基和极为活泼的环氧基存在。羟基、醚基有高度的极性，使环氧分子与相邻界面产生了较强的分子间作用力，而环氧基团则与介质表面，特别是金属表面上的游离键起反应，形成化学键。因而，环氧树脂具有很高的黏合力，用途很广，商业上称作“万能胶”。此外，环氧树脂还可作涂料、层压材料、浇铸、浸渍及模具等用途。

但是，环氧树脂在未固化前是呈热塑性的线型结构，使用时必须加入固化剂，固化剂与环氧树脂的环氧基等反应，变成网状结构的大分子，成为不溶不熔的热固性成品。

应用的固化剂种类很多。不同的固化剂，其交联反应也不同。现以室温下即能固化的乙二胺为例，它是按下列反应进行。

$$NH_2-CH_2-CH_2-NH_2 + 4\,\underset{\diagdown O \diagup}{CH_2-CH}\sim\sim \longrightarrow$$

$$\begin{array}{c} \sim\sim CH(OH)-CH_2 \qquad\qquad\qquad\qquad CH_2-CH(OH)\sim\sim \\ \qquad N-CH_2-CH_2-N \\ \sim\sim CH(OH)-CH_2 \qquad\qquad\qquad\qquad CH_2-CH(OH)\sim\sim \end{array}$$

乙二胺的用量按下式计算：

$$G=\frac{M}{H_n}\times E=\frac{60}{4}\times E=15E$$

式中 G——每 100 g 环氧树脂所需乙二胺的质量，g；

M——乙二胺的相对分子质量（60）；

H_n——乙二胺上活泼氢总数（4）；

E——环氧树脂的环氧值。

实验使用量，一般比理论计算值要多 10%左右。固化剂用量对成品的机械性能影响很大，必须控制适当。

三、实验仪器和材料

1. 实验仪器

250 mL 三口烧瓶、回流冷凝管、温度计、布氏漏斗、滤瓶、减压装置、水浴、油浴。

2. 实验材料

双酚 A 、NaOH、环氧氯丙烷、蒸馏水。

四、实验步骤

1. 树脂制备

将 22 g 双酚 A（0.1 mol），28 g 环氧氯丙烷（0.3 mol）加入 250 mL 三口瓶中，装上搅拌器、滴液漏斗、回流冷凝管及温度计。水浴加热到 75 ℃，搅拌，使双酚 A 全部溶解。将 8 g（0.2 mol）氢氧化钠溶于 20 mL 蒸馏水中，置于 60 mL 滴液漏斗中，自滴液漏斗慢慢滴加氢氧化钠溶液至三口瓶中，保持反应液在 70℃左右，约 30 min 滴加完毕。在 75~80 ℃继续反应 1.5~2 h，此时液体呈乳黄色。停止反应，冷却至室温，向瓶内加入蒸馏水 30 mL，苯 60 mL，充分搅拌并倒入 250 mL 分液漏斗中，静置片刻，分去水层，再用蒸馏水洗涤数次，直到洗涤水相呈中性及无氯离子（用 pH 试纸及 $AgNO_3$ 溶液检查）。分出有机层，常压蒸去苯，然后减压下尽量除去苯、水及未反应的环氧氯丙烷。瓶中留下淡棕色黏稠的环氧树脂。

2. 黏结试验（以铝合金片作为黏合对象）

将两块铝片在处理液（$K_2Cr_2O_7$ 10 份、浓硫酸 50 份、H_2O 34 份配成）中浸 10~15 min，取出用水洗净后，干燥。用干净的表面皿称取环氧树脂 4 g，加乙二胺约 0.3 g，用玻璃棒调和均匀后，取少量涂于两块铝片端面，胶层要薄而均匀（约 0.1 mm 厚），把两块铝片对准胶合面合拢，并用螺旋夹固定，放置等固化（室温），观察黏结效果。

五、注意事项

（1）开始滴加要慢些，环氧氯丙烷开环是放热反应，反应液温度会自动升高。

（2）分液漏斗使用前应检查盖子与活塞是否原配，活塞要涂上凡士林，使用时振摇几下后需放气。

六、讨论和思考题

在环氧树脂固化体系中，如何确定固化剂用量？

实验九　泡沫塑料的制备

一、实验目的

（1）理解制备聚氨酯泡沫塑料的反应原理。
（2）理解实验反应中各组分的作用和影响。

二、实验原理

本实验是使用聚醚与异氰酸酯反应，扩链生成预聚体，并利用水和异氰酸酯的反应来发泡，并进一步延长分子链，最终生成多孔松软的聚氨酯发泡塑料。

聚氨酯泡沫塑料的合成可分为以下三步：

1. 预聚体的合成

由二异氰酸酯单体与聚醚 330N 反应生成含异氰酸酯端基的聚氨酯预聚体。

$$\mathrm{OCN{-}R{-}NCO} + \mathrm{HO} \sim\sim \mathrm{OH} \longrightarrow \mathrm{OCN{-}R{-}NH{-}\overset{\overset{\displaystyle O}{\|}}{C}{-}O} \sim\sim \mathrm{O{-}\overset{\overset{\displaystyle O}{\|}}{C}{-}NH{-}R{-}NCO}$$

2. 发泡与扩链

在预聚体中加入适量的水，异氰酸酯端基与水反应生成氨基甲酸，随机分解生成一级胺与二氧化碳，放出的二氧化碳气体上升膨胀，在聚合物中形成气泡，并且生成的一级胺可与聚氨酯、二异氰酸酯进一步发生扩链反应。

$$\sim\sim \mathrm{NCO} + \mathrm{H_2O} \longrightarrow \left[\sim\sim \mathrm{NH{-}\overset{\overset{\displaystyle O}{\|}}{C}{-}OH}\right] \longrightarrow \sim\sim \mathrm{NH_2} + \mathrm{CO_2}\uparrow$$

$$\sim\sim \mathrm{NH_2} + \sim\sim \mathrm{NCO} \xrightarrow{\text{扩链}} \sim\sim \mathrm{HN{-}\overset{\overset{\displaystyle O}{\|}}{C}H} \sim\sim$$

3. 交联固化

游离的异氰酸酯基与胺基上的活泼氢反应，使分子链发生交联形成体型网状结构。在本实验中，合成的是软质泡沫塑料，交联反应相对较少，但也存在。

$$\sim\sim NH-\underset{\|}{\overset{}{C}}(=O)-NH-P\sim\sim \;+\; OCN-R-NCO \longrightarrow \sim\sim NH-C(=O)-N(P\sim\sim)-C(=O)-NH-R-NH-C(=O)-N(P\sim\sim)-C(=O)-NH\sim\sim$$

聚氨酯泡沫塑料的软硬取决于所用的羟基聚醚或聚酯，使用较高相对分子质量及相应较低羟值的线型聚醚或聚酯时，得到的产物交联度较低，制得的是线性聚氨酯，为软质泡沫塑料；若用短链或支链的多羟基聚醚或聚酯，所得聚氨酯的交联密度高，为硬质泡沫塑料，伸长率小于 10%，复原慢；此外还有半硬质泡沫塑料，性能在上述两种之间。除了软硬之外，泡沫塑料还有开孔和闭孔之分，前者类似于海绵，具有相互联通的小孔结构，而后者则是由高聚物包裹起来的气囊所构成。

在发泡塑料中，多孔结构可以由聚合本身放出，也可以加入发泡剂，如碳酸氢铵、挥发性溶剂，或者直接在预聚物中吹入气体。聚氨酯属于聚合反应本身产生气体，异氰酸酯可以与任何带有活泼氢的物质反应，当与水反应时，会产生二氧化碳和有机胺类，后者会继续与异氰酸酯反应，即扩链。

在泡沫塑料的制备过程中，也会使用催化剂，二价的有机锡、锌盐或三级胺，都能活化异氰酸酯。

聚氨酯泡沫塑料有三种制备方法，分别是预聚体法、半预聚体法和步法，前两者是先聚合、扩链生成预聚体，再进行发泡、交联等，适于制备硬质泡沫塑料。本实验是使用一步法，所有料一次加入，扩链、发泡、交联同时进行，对配方和条件要求较高。

三、实验仪器和材料

（1）聚醚 330N：由甘油与环氧乙烷和环氧丙烷在碱性条件下聚合及精制而成，是一种高活性的三羟基聚醚，无色至微黄色透明黏稠液体，相对分子质量在 5 000 左右，本实验的聚醚 330N 的官能度为 0.06 mol/100 g。正常使用不会对皮肤造成危害，必要时，需移走污染的衣装，并用肥皂及清水冲洗皮肤 15 min。

（2）二乙醇胺：无色黏性液体或结晶。有碱性，能吸收空气中的二氧化碳和硫化氢等气体，易溶于水、乙醇，微溶于苯和乙醚，有吸湿性和腐蚀性，低毒。本实验中用来调节交联点密度，如果不使用二乙醇胺，则交联点密度过低，气泡极易逸出而不会形成泡沫塑料，但如果二乙醇胺的含量过多，则交联密度过大，黏度增大，气泡难以产生，因此需要一个合适的量。

（3）去离子水：与二异氰酸酯反应产生二氧化碳发泡剂。

（4）有机硅：表面活性剂，使气泡均匀。

（5）有机锡：催化剂，加速反应，活化异氰酸酯。

（6）混合异氰酸酯：平均相对分子质量 236，每分子有两个异氰酸酯基，在本实验中，应过量 10%，因为从 B 料向 A 料转移时会有浪费。

（7）100 mL 烧杯 3 个，15 cm 玻璃棒 3 支，电子天平 1 台（配称量纸），计时器 1 个；操作者在实验前应着实验服，佩戴防护眼镜、橡胶手套，规范操作。

四、实验步骤

因为实验条件限制，以下只对淡黄色软质泡沫塑料的制备进行详述。

配方 1（标准配方）：

A 料：端羟基聚醚 330N 100.23 g、二乙醇胺 1.224 g、去离子水 4.021 g、有机硅泡沫稳定剂 0.505 g、有机锡催化剂 0.767 g。

B 料：混合异氰酸酯 70 g。

操作 1：

在一烧杯中加入 A 料各组分，共 106.45 g，混合均匀，可供 8 组实验使用。单组取 12.14 g A 料于一塑料杯中，另取 7.98 g B 料于另一塑料杯，将 B 料迅速倒入 A 料中，立即充分搅拌，直至出现白色发泡现象，停止搅拌。将塑料杯静置待其充分聚合，将塑料杯放在 70 ℃的烘箱中充分固化。

现象 1：

A 料基本无色，B 料呈淡黄色，混合后立即搅拌，15 s 后黄色加深，产生少量气泡，随机气泡增多，覆盖整个表面，停止搅拌。物料逐渐上升、膨胀、固化成微黄色多孔泡沫塑料，静置 10 min 后触摸，有弹性，质地柔软。

图 2-4 为固化成型的泡沫塑料。

图 2-4　固化成型的泡沫塑料

配方 2（改变配方实验）：

配方 2 第一组：

A 料：端羟基聚醚 330N 10 g、二乙醇胺 0.17 g、去离子水 0.25 g、有机硅泡沫稳定剂 0.05 g、有机锡催化剂 0.075 g。

B 料：混合异氰酸酯 5.015 g。

配方 2 第二组：

A 料：端羟基聚醚 330N 10 g、二乙醇胺 0.12 g、去离子水 0.6 g、有机硅泡沫稳定剂 0.05 g、有机锡催化剂 0.075 g。

B 料：混合异氰酸酯 9.9 g。

操作 2：

分别将去离子水的量改变为每 100 g 聚醚取 2 g 和 6 g 去离子水，即发泡剂偏少和偏多的情况。取 10 g 的聚醚进行实验，其他的 A 料组分各变为原来的 1/10，B 料根据官能度进行相应计算，配置两组配方进行发泡固化，观察现象。

现象 2：

发泡剂偏少时，起泡慢、上升也慢，最终仅能到达杯子 3/7 的位置，这说明气体量不足，发泡不充分；发泡剂偏多时，发泡和上升都很快，但临近终点时气泡破裂，整体发生塌陷，这说明发泡太多，而体系黏度达不到要求，无法承受泡内压强，不能得到合适的泡沫塑料。

五、注意事项

（1）实验过程中防护器具不可摘除。

（2）二乙醇胺对皮肤具有刺激性，长期接触严重危害健康，对眼睛有严重伤害，若不慎入眼或接触应立即用大量清水冲洗，并迅速就医。

（3）实验混合物料量可供多人使用。

（4）实验记录以时间推移记录更可以说明实验所得结论。

六、讨论和思考题

（1）在实验结果中我们可以知道实验成功的关键是对发泡剂的发泡量与发泡速率的控制。

（2）在实验过程中哪些操作对于实验结果有影响？

（3）二乙醇胺在泡沫塑料中起什么作用？

（4）合成聚氨基甲酸酯的反应方程式是什么？

（5）纵向切开所得泡沫塑料柱后可以发现什么？

实验十 界面缩聚制备聚癸二酰-己二胺（尼龙 610）

一、实验目的

（1）了解界面缩聚的原理及特点。

（2）掌握界面缩聚制备尼龙 610 的方法。

二、实验原理

界面缩聚的基本反应是 Schotten-Baumann 反应，为低温常压下制备聚酰胺的方法之一。其反应方程式如下：

$$n\,H_2N\!\left(CH_2\right)_6\!NH_2 \;+\; n\,Cl-\overset{\displaystyle O}{\overset{\|}{C}}\!\left(CH_2\right)_8\!\overset{\displaystyle O}{\overset{\|}{C}}-Cl \longrightarrow$$

$$\left[\underset{\displaystyle H}{\overset{}{N}}\!\left(CH_2\right)_6\!\underset{\displaystyle H}{N}-\overset{\displaystyle O}{\overset{\|}{C}}\!\left(CH_2\right)_8\!\overset{\displaystyle O}{\overset{\|}{C}}\right]_n$$

将癸二酰氯溶于有机相（如四氯化碳、氯仿等），己二胺溶于水相，并在水中加入适量的碱作为酸的接受体，当互不相溶的有机相和水相相互接触时，在稍偏向有机相的界面处立即起缩聚反应，生成的聚合物不溶于任何一相而沉淀出来，产生的小分子（如 HCl）被水中的碱中和，因此这是一种不可逆的非平衡缩聚反应，将生成的聚合物膜拉起，或在高剪切速率下搅拌，不断移去旧界面、产生新界面而连续缩聚，直至其中一相反应物耗尽为止。

二元酰氯是高反应活性的单体，二元胺上含有活泼氢，它们之间发生酰胺化反应的反应速率远远超过二胺向有机相扩散的速率，以及二酰胺向界面扩散的速率，因此在界面处低聚物之间迅速反应成为高聚物，其聚合度的大小与界面处的反应物浓度有关，与总反应程度无关，也不严格要求反应物官能团之间以等量比投料，产物的相对分子质量比一般熔缩聚物要高得多。而且无副反应。产物可溶于间甲酚、甲酸等溶剂中。尼龙 610 的吸湿性比尼龙 6 及尼龙 66 低，而有较好的韧性和机械性能。

对于高温不稳定的单体，不能用高温熔融缩聚来制备其聚合物，可以用界面缩聚法，但是由于制备二元酰氯及使用大量有机溶剂，成本比较高。目前用界面缩聚方法制备聚碳酸酯已工业化。

三、实验仪器和材料

1. 实验仪器

干燥管、圆底烧瓶、球形冷凝管、直形冷凝管、蒸馏头、接应管、毛细管、烧杯、水浴、油浴、减压蒸馏装置。

2. 实验材料

癸二酸、己二胺、亚硫酰氯、四氯化碳（干燥）、NaOH、HCl。

四、实验步骤

1. 癸二酰氯的制备

经干燥的仪器按图 2-5 装好，将 61 g（0.3 mol）癸二酸和 150 g（1.26 mol）亚硫酰氯加入 250 mL 圆底瓶内，加热回流 2 h 左右，至无气体放出为止（用湿 pH 试纸检验）。然后在常压下蒸出残留的亚硫酰氯，再减压蒸馏。收集 124 ℃、266.6 Pa 的无色液体馏分，馏分储瓶用翻口橡皮塞塞紧，称量，计算产率。

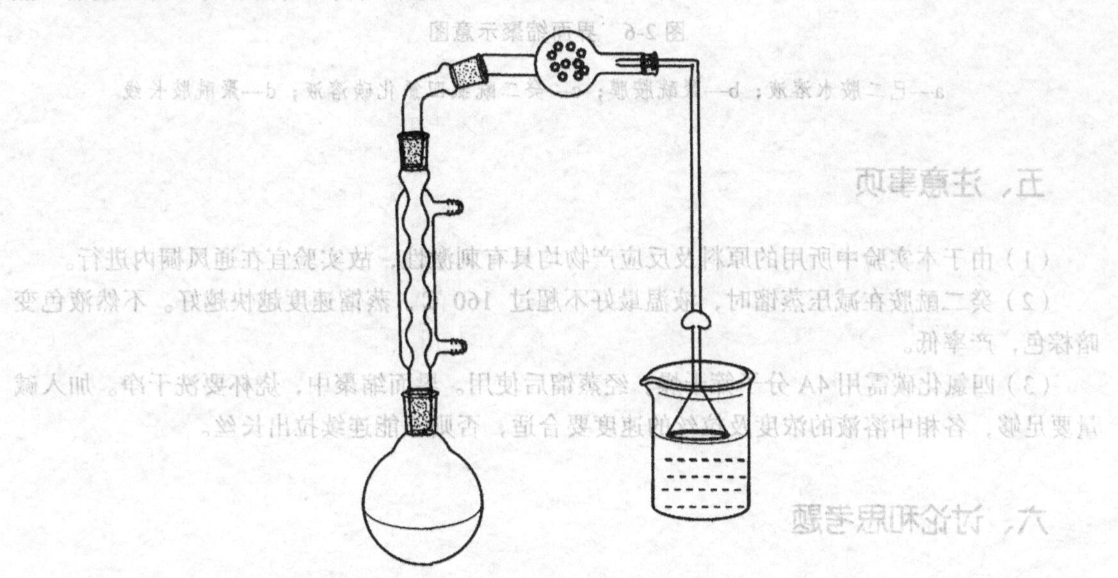

图 2-5 制备二元酰氯的装置

2. 界面缩聚（拉丝法）

在一只 100 mL 烧杯中，加入 2.52 g（0.021 mol）己二胺和 3.0 g（0.75 mol）NaOH；另一只烧杯中加入 50 mL 四氯化碳，用注射器抽取 2.0 mL（2.24 g，0.009 mol）癸二酰氯溶于其中，分别将各溶液混合均匀，然后将己二胺水溶液顺着烧杯壁慢慢地倾入癸二酰氯四氯化碳溶液中，如图 2-6 所示，这时在界面处立即形成聚酰胺薄膜。用干净的镊子轻轻拉出膜，将它绕在铁框上或圆筒上，连续不断地拉出使其成为长线，直至一相中的原料耗尽为止。然后用

3%的盐酸水溶液洗涤尼龙线使反应终止，再用水洗净、晾干，在 80 ℃真空烘箱中干燥 2 h 以上，得白色的尼龙 610 薄膜长线。称量并计算产率。

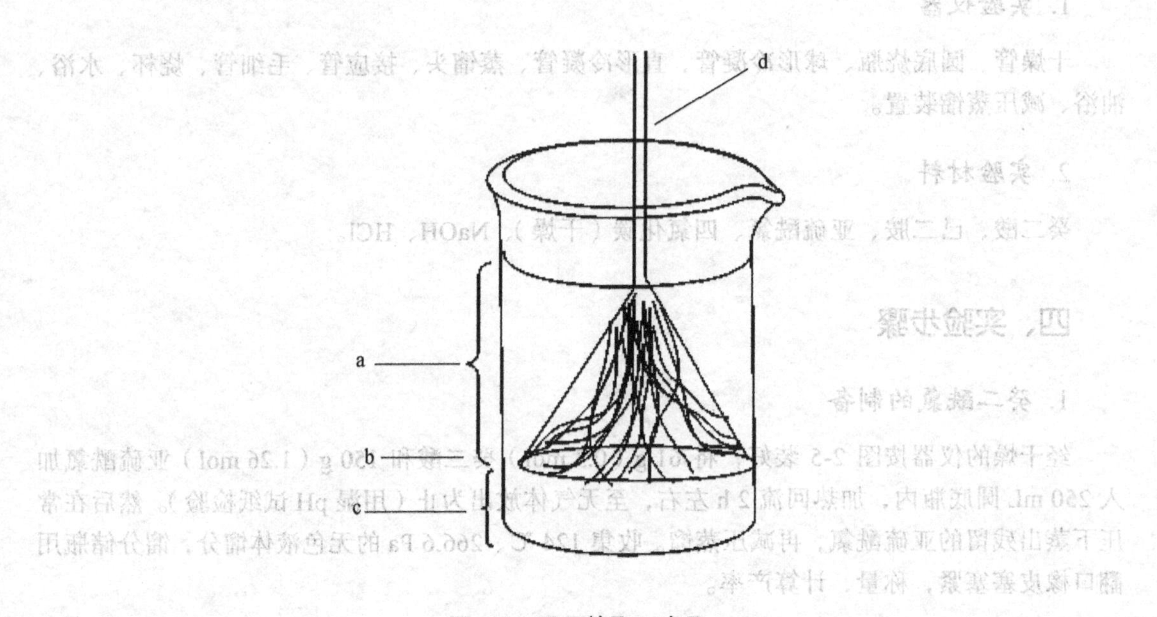

图 2-6　界面缩聚示意图

a—己二胺水溶液；b—聚酰胺膜；c—癸二酰氯四氯化碳溶液；d—聚酰胺长线

五、注意事项

（1）由于本实验中所用的原料及反应产物均具有刺激性，故实验宜在通风橱内进行。

（2）癸二酰胺在减压蒸馏时，液温最好不超过 160 ℃，蒸馏速度越快越好。不然液色变暗棕色，产率低。

（3）四氯化碳需用 4A 分子筛干燥，经蒸馏后使用。界面缩聚中，烧杯要洗干净。加入碱量要足够，各相中溶液的浓度及拉丝的速度要合适，否则不能连续拉出长丝。

六、讨论和思考题

（1）界面缩聚的特点是什么？

（2）为得到高相对分子质量的尼龙 610，在实验中应注意哪些问题？

第三节　高分子化学实验（综合篇）

实验十一　聚乙烯醇的制备

一、实验目的

（1）分子化学反应的基本原理及特点。

（2）乙烯酯醇解反应的原理、特点及影响醇解反应的因素。

二、实验原理

由于“乙烯醇”易异构化为乙醛，不能通过理论单体“乙烯醇”的聚合来制备聚乙烯醇，只能通过聚乙酸乙烯酯的醇解或水解反应来制备，而醇解法制成的 PVA 精制容易，纯度较高，主产物的性能较好，因此工业上通常采用醇解法。

聚乙酸乙烯酯的醇解可以在酸性或碱性条件下进行。酸性条件下的醇解反应由于痕量酸很难从 PVA 中除去，而残留的酸会加速 PVA 的脱水作用，使产物变黄或不溶于水，因此目前多采用碱性醇解法制备 PVA。碱性条件下的醇解反应又有湿法和干法之分，为了尽量避免副反应，但又不使反应速率过慢，本实验中不是采用严格的干法，只是将物料中的含水量控制在 5%以下。

聚乙酸乙烯酯的醇解反应激励类似于低分子的醇-酯交换反应。本实验采用甲醇为醇解剂，氢氧化钠为催化剂，醇解条件较工业上的温和，产物中有副产物乙酸钠。PVAc 醇解主要有湿法和干法两种。

湿法醇解中，氢氧化钠是以水溶液的形式（约 350 g/L）加入的，VAc-MeOH 体系的含水量在 1%~2%。该法的特点是醇解反应速率快，设备生产能力大；但副反应较多，碱催化剂耗量也较多，醇解残液的回收比较复杂。

干法醇解中，碱以甲醇溶液的形式加入。反应体系中水含量控制在 0.1% ~ 0.3%以下。该方法的最大特点是副反应少，醇解残液的回收比较简单；但反应速率较慢，物料在醇解机中的停留时间较长。

主反应：

$$\left[\mathrm{CH_2{-}CH(OCOCH_3)}\right]_n + n\,\mathrm{MeOH} \longrightarrow \left[\mathrm{CH_2{-}CH(OH)}\right]_n + n\,\mathrm{CH_3COOCH_3}$$

$$*\!-\!\!\left(\mathrm{CH_2CH(OCOMe)}\right)\!\!-\!* + n\,\mathrm{EtOH} \longrightarrow *\!-\!\!\left(\mathrm{CH_2CH(OH)}\right)\!\!-\!* + n\,\mathrm{CH_3COOCH_2CH_3}$$

三、实验仪器和材料

1. 实验仪器

磨口三口瓶、普通三口瓶、球形冷凝管、抽滤瓶、布氏漏斗、抽滤垫、表面皿、量筒、弹簧搅拌棒、电热套、机械搅拌器。

2. 实验材料（表 2-1）

表 2-1　聚乙烯醇制备实验所有的试剂

物　质	英文名	分子式	密度	外观性状	
聚乙酸乙烯酯	Polyvinyl acetate	$(C_4H_5O_2)_n$	1.19 g/mL	无色透明固体膜	
	玻璃化温度	热变形温度	溶解性	稳定性	用量
	30~40 °C	50 °C	易溶于甲醇、酮类、酯类、芳烃、氯代烃，不溶于无水乙醇、高级醇、烷烃、环己烷、水等	在阳光下稳定，在 125 ℃以下稳定，150 ℃颜色变深，225 ℃分解，放出乙酸，生成棕色树脂状不溶物	10 g
物质	英文名	分子式	相对分子质量	外观性状	密度
甲醇	methyl alcohol	CH_4O	32.04	无色澄清液体，有刺激性气味	0.79 g/mL
	熔点	沸点	溶解性	毒性	用量
	−97.8 °C	64.8 °C	溶于水，可混溶于醇、醚等多数有机溶剂	对中枢神经系统有麻醉作用	60 mL
物质	英文名	分子式	相对分子质量	外观性状	密度
乙醇	ethyl alcohol	C_2H_6O	46.07	无色液体，有酒香	0.79 g/mL
	熔点	沸点	溶解性	毒性	用量
	−114.1 °C	78.3 °C	与水混溶，可混溶于醚、氯仿、甘油等多数有机溶剂	本品为中枢神经系统抑制剂	约 120 mL
物质	英文名	分子式	相对分子质量	外观性状	密度
氢氧化钠	sodiun hydroxide	NaOH	40.01	白色不透明固体，易潮解	2.12 g/mL
	熔点	沸点	溶解性	毒性	用量
	318.4 °C	1390 °C	易溶于水、乙醇、甘油，不溶于丙酮	有强烈刺激和腐蚀性	3~4 g

四、实验步骤

（1）在装有搅拌器和冷凝管的 250 mL 三口瓶中（图 2-7），加入 60 mL 甲醇。

（2）缓慢升温，同时在搅拌下逐渐将剪成碎片的聚醋酸乙烯 10 g 加入其中（注意每次加入量不可过多），待基本溶解后再加第二次。

（3）控制溶液温度使其稍有回流，直到聚合物全部溶解冷却，取下反应瓶。

（4）另安装带有弹簧式搅拌棒的三口瓶（图 2-8），加入 60 mL 5%的氢氧化钠乙醇溶液。在室温及快速搅拌下逐渐缓慢加入上述配制的聚醋酸。

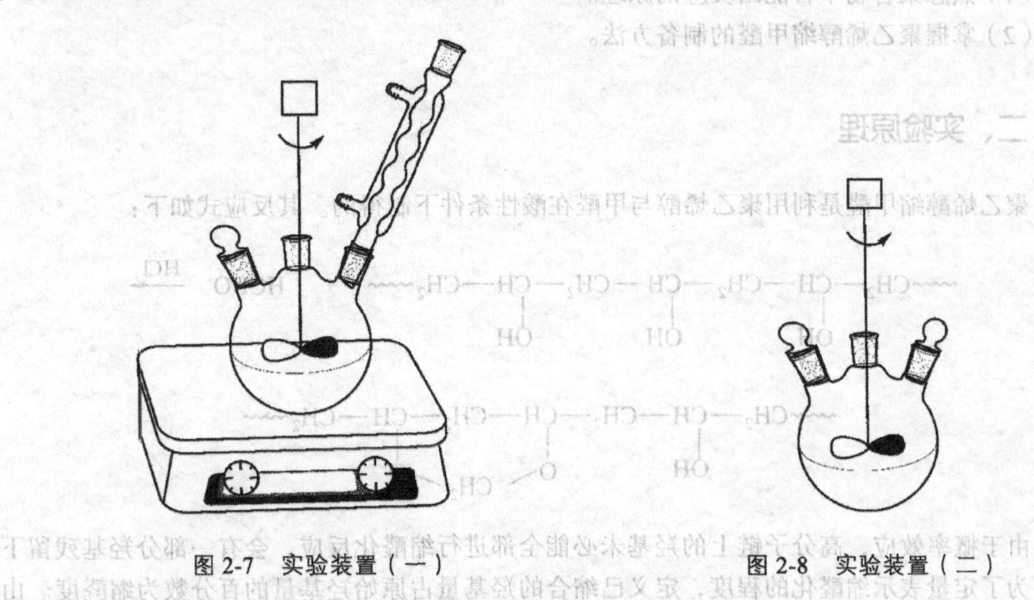

图 2-7　实验装置（一）　　图 2-8　实验装置（二）

（5）若体系内产生凝胶块，即暂停加料，待凝胶块打碎后再继续，当聚合物溶液全部加完后，继续搅拌反应 1 h。

（6）抽滤，用 60 mL 乙醇分三次洗涤反应物，烘干，称量。

五、讨论和思考题

（1）碱催化醇解和酸催化醇解有什么不同？

（2）聚乙烯醇制备中影响醇解度的因素是什么？

（3）如果乙酸乙烯酯干燥得不够，仍含有未反应的单体和水，试分析在醇解过程中会有什么影响。

（4）高分子的化学反应有什么特点？

实验十二 聚乙烯醇缩甲醛的制备（胶水的制备）

一、实验目的

（1）熟悉聚合物中官能团反应的原理。

（2）掌握聚乙烯醇缩甲醛的制备方法。

二、实验原理

聚乙烯醇缩甲醛是利用聚乙烯醇与甲醛在酸性条件下制得的。其反应式如下：

$$\sim CH_2-\underset{\displaystyle OH}{\underset{|}{CH}}-CH_2-\underset{\displaystyle OH}{\underset{|}{CH}}-CH_2-\underset{\displaystyle OH}{\underset{|}{CH}}-CH_2\sim \; + \; HCHO \xrightarrow{HCl}$$

$$\sim CH_2-\underset{\displaystyle OH}{\underset{|}{CH}}-CH_2-\underset{\displaystyle O\diagdown}{\underset{|}{CH}}-CH_2-\underset{\displaystyle \diagup O}{\underset{|}{CH}}-CH_2\sim$$
$$CH_2$$

由于概率效应，高分子链上的羟基未必能全部进行缩醛化反应，会有一部分羟基残留下来。为了定量表示缩醛化的程度，定义已缩合的羟基量占原始羟基量的百分数为缩醛度。由于聚乙烯醇溶于水，而聚乙烯醇缩甲醛不溶于水，因此，随着反应的进行，最初的均相体系将逐渐变成非均相体系。本实验是合成水溶性聚乙烯醇缩甲醛胶水，反应过程中需控制较低的缩醛度，使产物保持水溶性。如若反应过于猛烈，则会造成局部高缩醛度，导致不溶性物质存在于胶水中，影响胶水质量。因此，反应过程中，要严格控制催化剂用量、反应温度、反应时间及反应物比例等因素。

三、实验仪器和材料

1. 实验仪器

250 mL 三口瓶、电动搅拌器、温度计、恒温水浴、10 mL 量筒、100 mL 量筒。

2. 实验材料

聚乙烯醇、38%甲醛水溶液、NaOH 溶液、盐酸。

四、实验步骤

（1）在装有搅拌器、回流冷凝管、温度计的三口烧瓶中加入 10 g 聚乙烯醇及 90 mL 去离子水，开动搅拌，加热至 95 ℃至聚乙烯醇全部溶解。

（2）降温至 80 ℃，加入 4 mL 甲醛溶液，搅拌 15 min。滴加 0.25 mol/L 盐酸调节反应体系的 pH 至 1~3，搅拌下进行保温反应。随着反应体系之间逐渐变黏稠，当体系中出现气泡或有絮状物产生时，迅速加入 1.5 mL 8%的氢氧化钠溶液，调节 pH 值为 8 ~ 9。降温，出料，得无色透明黏稠液体，即为一种化学胶水。

五、注意事项

（1）整个反应过程中搅拌要充分均匀，当体系变黏稠出现气泡或有絮状物产生时应马上加入 NaOH 溶液，终止反应。

（2）工业上生产胶水时，为了降低游离甲醛的含量，常在 pH 调整至 8 ~ 9 加入少量尿素，发生脲醛化学反应。

六、讨论和思考题

（1）为什么要调节产物的 pH 值?

（2）为什么缩醛度增加，水溶性会降低?

实验十三　膨胀计法测定聚苯乙烯聚合反应速率常数

一、实验目的

（1）掌握膨胀计法测定聚合反应速率的原理和方法。
（2）验证聚合速率与单体浓度的动力学关系式，求平均聚合速率。

二、实验原理

1. 自由基聚合反应初期动力学

自由基聚合反应在较低转化率时应该满足动力学方程推导的基本条件，这个阶段的聚合反应速率公式为：

$$v_p = K'_p\, c(\mathrm{M})c(\mathrm{I})^{1/2}$$

该式表示聚合反应速率与单体浓度成正比，与引发剂浓度的平方根成正比。在低转化率时还可以假定引发剂浓度基本保持恒定，于是得到积分式：

$$\ln c_0(\mathrm{M}) / c_t(\mathrm{M}) = Kt$$

式中，$c_0(\mathrm{M})$和$c_t(\mathrm{M})$分别为单体的起始浓度和在时刻 t 的浓度，K 为常数。对于这样的直线方程，只要在实验中测定不同时刻 t 的单体浓度 $c_t(\mathrm{M})$，即可按照上式计算出对应的$\ln c_0(\mathrm{M}) / c_t(\mathrm{M})$数值，然后再对 t 作图，如果得到一条直线，则对自由基聚合反应机理及其初期动力学进行了验证，同时由直线的斜率可以得到与速率常数有关的常数 K。

2. 用膨胀计测定聚合反应过程中体系密度变化的原理

膨胀计法是测定聚合反应速率的一种简单方法，其依据是一般单体的密度较小而聚合物的密度较大。随着聚合反应的进行，聚合反应体系的体积会逐渐收缩，其收缩程度与单体的转化率成正比。如果将聚合反应体系的体积改变范围刚好限制在一根直径很细的毛细管中，则聚合体系体积收缩值的测定灵敏度将大大提高—— 这就是膨胀计法。

如果以 p、ΔV 和 ΔV_∞ 分别代表转化率、聚合反应时的体积收缩值和假定转化率达到 100%时的体积收缩值（即聚合反应体系能够达到的最大理论收缩值），则 ΔV 正比于 p，即

$$p = \Delta V / \Delta V_\infty$$

从开始到 t 时刻已反应的单体量：

$$p\, c_0(\mathrm{M}) = \Delta V / \Delta V_\infty \cdot c_0(\mathrm{M})$$

t 时刻体系中还未聚合的单体量：

$$
\begin{aligned}
c_t(\mathrm{M}) &= c_0(\mathrm{M}) - \Delta V / \Delta V_\infty \cdot c_0(\mathrm{M}) \\
&= (1 - \Delta V / \Delta V_\infty) c_0(\mathrm{M})
\end{aligned} \tag{2-1}
$$

由于式中 ΔV 是由聚合物密度、单体密度和起始单体体积确定的定值，所以只需用膨胀计测定不同时刻聚合体系的体积收缩值 ΔV ，就可以通过作图或计算得到 $\ln c_0(\mathrm{M}) / c_t(\mathrm{M})$ ，并用下式计算出实验阶段的平均聚合速率：

$$
\overline{v}_{\mathrm{p}}(\mathrm{mol \cdot L^{-1} \cdot s^{-1}}) = \frac{c_0(\mathrm{M}) - c_t(\mathrm{M})}{\Delta t} = \frac{\Delta V c_0(\mathrm{M})}{\Delta V_\infty \cdot \Delta t} \tag{2-2}
$$

三、实验仪器和材料

1. 实验仪器

膨胀计、超级恒温水浴（配精密温度计，最小刻度 0.10 ℃）、配样烧杯、量筒、吸管等

2. 实验材料

AIBN（精制，0.1 g）或 BPO，苯乙烯（精制，大约 12 mL）。

四、实验步骤

1. 配　样

按照要求称取引发剂，量取单体，在小烧杯中充分溶解。

2. 装　样

将试液从磨口塞处小心倒入膨胀计，使液面处于磨口颈大约一半处，小心盖上磨口塞（注意不得留有气泡!），同时使单体液面的高度距毛细管最上部刻度 1~2 cm。

如果液面过高或过低，都必须重新装样！

提醒：记下膨胀计的号码和毛细管的内径!

3. 反　应

将膨胀计小心夹在试管架上，并将其放入温度已经达到要求的（60±0.1）℃的恒温池中。注意放入的高度以盛有单体的部分刚好浸入水面为宜。观察并记录毛细管内液面开始升高而后又缓慢下降的过程，每隔 3~5 min 记录一次液面高度。大约反应 1 h，转化率可能达到 10%，停止反应。

4. 清　洗

反应完成以后 立即取出膨胀计，将试液倒入回收瓶，用甲苯清洗两遍，放入烘箱中烘干。

5. 重　做

如果实验时间允许，按照相同操作在（70±0.1）℃重复做一次。根据不同温度条件下测得的速率，可以验证温度对聚合反应速率的显著影响。

注意：（1）注意膨胀计内的单体不得加得太多，即毛细管内液面不得太高，否则开始升温时单体膨胀将溢出毛细管；也不能加得太少，否则当实验尚未测完数据时毛细管内的液面已经低于刻度，无法读数。

（2）装料时必须保证膨胀计内无气泡，为此必须注意两点：① 单体加入量需略多余实际容积，让瓶塞将多余的单体压出来。② 在盖瓶塞时需倾斜着将塞子靠在瓶口的下侧慢慢塞入，让气泡从瓶口的上侧被单体压出。此时烧杯置于下面收集滴漏的单体。

五、数据处理

将式（2-1）、式（2-2）变换成：$2-\lg(100-\Delta h/h)=1/\ 2.303\,kt$，再以等号前面部分对时间 t 作图。也可以按照表 2-2 直接计算，结果填入表 2-3。

表 2-2　膨胀计法测定聚苯乙烯聚合反应速率常数实验数据记录

序号	所需记录数据	单位
1	膨胀计号码及容积	mL
2	毛细管号码及内径	cm
3	毛细管横截面积	cm^2
4	膨胀计刻度体积	cm^3
5	起始单体体积	cm^3
6	完全转化成聚合物的体积	cm^3
7	理论体积收缩量（ΔV_∞）	cm^3
8	理论毛细管高度降低量（h）	cm

表 2-3　计算结果

时间 t/min	毛细管高度/cm	收缩高度 Δh/cm	收缩率 $(\Delta h/h)$/%	未收缩率 $(100-\Delta h/h)$/%	$\lg(100-\Delta h/h)$	$2-\lg(100-\Delta h/h)$

六、注意事项

（1）投料时要将 PVAc 剪碎后一次性投入三口瓶中，搅拌时注意不要让 PVAc 黏成团。在看不到膜后再多搅一会儿 。

（2）PVAc 溶于 MeOH，但是 PVA 不溶。随醇解反应的进行，PVAc 大分子上的乙酰基逐渐被羟基所取代，当达到一定醇解度（60%）时，体系由均相转为非均相，外观也发生突变，出现一团胶冻，此时必须强烈搅拌把胶冻打碎，才能使醇解反应进行完全，否则胶冻内包住的 PVAc 并未醇解完全，使实验失败，所以搅拌要安装牢固。在实验中要注意观察现象，当胶冻出现后，要及时提高搅拌转速。

（3）弹簧搅拌尽量靠近瓶底，并且要装得充分牢固。因为在这一步中，需要高速大力搅拌，装不牢固搅拌棒可能滑下去。

（4）发现凝胶块及时停止加料，靠机械力量把它打碎。

七、讨论和思考题

（1）影响本实验结果准确度的主要因素有哪些？

（2）能否用同一反应试样做完 60 ℃实验以后，继续升温到 70 ℃再测定一组数据，而不必重新装料？

（3）如果可以，试分析注意事项并比较两组数据的准确性。

实验十四　引发剂分解速率及引发剂效率的测定

一、实验目的

（1）掌握测定引发剂——偶氮二异丁腈分解速率的基本原理和方法。

（2）了解有关引发剂及其引发效率方面的一些基本知识。

二、实验原理

引发剂是一种能在热、光、辐射等作用下分解产生初级自由基，并能引发单体聚合的物质，它在自由基聚合反应中占有十分重要的地位。引发剂的种类和用量对聚合反应速率以及聚合物的相对分子质量关系极大。在一定温度下，对某一单体来说，其聚合速率在很大程度上取决于引发剂的分解速率。因此研究和测定引发剂的分解速率对聚合反应的控制具有实际生产意义。

引发剂的品种繁多，性质各异，但按其化学组成来分，大致可分为过氧化物和偶氮化物两大类。如按自由基的产生方式来分，又可分为热引发（包括光、热辐射）体系和氧化还原体系，在偶氮化合物中，偶氮二异丁腈是最常见的引发剂之一。

偶氮二异丁腈分解均匀，只形成一种自由基，不发生诱导分解之类的副反应，比较稳定，可以纯粹状态安全储存等优点。因此动力学研究和工业生产都广泛采用，缺点是，具有一定的毒性，分解效率低，属于低活性引发剂。

引发剂在加热下分解，产生初级自由基，由于化合物分子中各原子间的键能大小是有差别的，故均裂反应往往发生在键能最小的地方，偶氮二异丁腈各原子间的键能（kJ/mol）如下：

```
                H
                |414
             H—C—H           CH3
      874  334 | 305  418      |
    N≡C—C—N=N—C—CN
                |              |
               CH3            CH3
```

在各类键中，C—N 键的键能最小，均裂就在此处发生，产生了异丁腈自由基，并放出氮气。

```
        H
        |
     H—C—H         CH3                         CH3
        |            |                            |
N≡C—C—N=N—C—CN    —Δ→    2CN—C—    +  N2
        |            |                            |
       CH3          CH3                          CH3
```

大多数引发剂的分解反应一般属于一级反应，上式也是如此，其分解速率与引发剂浓度

的一次方成正比，即

$$\frac{\mathrm{d}c(\mathrm{I})}{\mathrm{d}t}=K_{\mathrm{d}}c(\mathrm{I}) \tag{2-3}$$

式中 K_{d}——引发剂分解速率常数；

$c(\mathrm{I})$——引发剂浓度；

t——时间。

将上式积分得：

$$\ln\frac{c(\mathrm{I})}{c_0(\mathrm{I})}=K_{\mathrm{d}}t \tag{2-4}$$

或

$$\frac{c(\mathrm{I})}{c_0(\mathrm{I})}=\mathrm{e}^{K_{d}t}$$

式中，$c_0(\mathrm{I})$ 和 $c(\mathrm{I})$ 分别表示引发剂的起始（$t=0$）浓度和时间 t 时的浓度。

由式（2-3）可以看出，1 mol 偶氮二异丁腈分解，可以放出 1 mol 氮气，而氮气的体积在温度恒定时与引发剂浓度之间有着正比关系。假定分解反应在 80 ºC 分解完全，全部产生的氮气体积 V_∞与偶氮二异丁腈的起始浓度 $c_0(\mathrm{I})$ 成正比，那么（$V_\infty-V_t$）则与 t 时的浓度 $c(\mathrm{I})$ 成正比（V_t 为 t 时刻已放出的氮气的体积），代入式（2-4）：

$$\ln\frac{V_\infty}{V_\infty-V_t}=K_{\mathrm{d}}t$$

或

$$\lg\frac{V_\infty}{V_\infty-V_t}=\frac{K_{\mathrm{d}}}{2.303}t$$

这是一个直线方程，以 $\lg\frac{V_\infty}{V_\infty-V_t}$ 对 t 作图，直线的斜率是 $K_{\mathrm{d}}/2.303$，本实验就是在 80 ºC 的恒温下，在甲苯中偶氮二异丁腈分解，不断测定 t 时刻系统中放出的氮气体积 V_t，通过作图而求出分解速率常数 K_{d}。知道了分解速率常数 K_{d}，还可以求出引发剂的半衰期，即引发剂分解至起始浓度一半所需要的时间，以 $t_{1/2}$ 表示，由 $c(\mathrm{I})=1/2$ 代入式（2-4），可得半衰期与分解速率常数 K_{d} 之间有如下关系式：

$$t_{1/2}=\frac{\ln 2}{K_{\mathrm{d}}}=\frac{0.693}{K_{\mathrm{d}}}$$

由上式可知，一级反应的半衰期与反应物浓度无关。

引发剂的活性可用分解速率常数 K_{d} 或半衰期 $t_{1/2}$ 表示，在某一温度下，分解速率常数越大，或半衰期越短，则引发剂的活性越高。在科学研究上，多用分解速率常数 K_{d} 表示，在工程技术上，则多用半衰期 $t_{1/2}$ 表示，单位取小时。

引发剂分解后，往往只有一部分用来引发单体聚合，这部分引发剂占引发剂分解或消耗总量的分数称为引发剂效率。另一部分引发剂则因诱导分解和/或笼蔽效应而损耗。诱导分解

（Induced Decomposition）实际上是自由基向引发剂的转移反应，其结果使引发剂效率降低。笼蔽效应（Cage Effect），在溶液聚合反应中，浓度较低的引发剂分子及其分解出的初级自由基始终处于含大量溶剂分子的高黏度聚合物溶液的包围之中，一部分初级自由基无法与单体分子接触而更容易发生向引发剂或溶剂的转移反应，从而使引发剂效率降低。

本实验重点测试引发剂偶氮二异丁腈的分解速率，引发剂的效率只做了解。

三、实验仪器和材料

1. 实验仪器

带支管的圆底磨口瓶、恒温水浴、三通、水准瓶。

2. 实验材料

碳酸钠、甲苯、偶氮二异丁腈（重结晶）。

四、实验步骤

（1）将 50 mL 带有一支管的圆底磨口瓶在 80 ℃的恒温水浴中固定，用三段耐压管分别按顺序将烧瓶的支管、一根弯曲约 130°的玻璃管、三通活塞和量气管的顶部连接起来。量气管垂直固定，中间外壁固定一支温度计，用以指示管内温度，量气管底部通过一根橡皮管与水准瓶连接，水准瓶内装入碳酸钠溶液，加入几滴酚酞使其显红色，放置在铁圈上，整套装置装好后，首先要检查装置系统是否漏气。其方法是，将烧瓶用塞子塞好，活塞旋向与大气相通的位置，抬高水准瓶，使量气管内的液面升到最高处，然后将活塞旋向与大气断开，使烧瓶与量气管相通，降低水准瓶的位置并固定，此时量气管的液面稍有下降，停一段时间后，如液面一直保持在同一高度，说明系统不漏气，如果液面继续下降，说明系统密闭不好，应检查原因，采取相应措施。

（2）往烧瓶中加入 45 mL 蒸馏过的甲苯。将烧瓶用装有氮气进口瓶的橡皮管的橡皮塞塞紧，进气管应达到烧瓶的底部，调整活塞，将水准瓶提高到使液面充满量气管的高度，使系统中的空气排出，缓慢通入氮气流，使甲苯发泡 20 min，排气操作的目的，是排出系统中的氧。

（3）样品容器是用一根玻璃管的一端在喷灯上烧熔，在石棉板上压平，然后喷制而成的，将其在分析天平上准确称取 100~200 mg 偶氮二异丁腈（重结晶），记下当时的大气压，并假定在整个过程中保持不变。

（4）取下氮气进口瓶，将烧瓶与大气断开，系统在几分钟内达到平衡后，打开塞子，用镊子垂直放进样品容器，塞上塞子，记录时间（作为零时）和量气管内液面的高度（作为起始刻度）。

（5）由于在氮气产生前会有一诱导期，所以不必搅拌混合物来加快偶氮二异丁腈的溶解速率，注意观察量气管内液面的高度，如果液面下降，说明已有氮气放出，记录此时的时间和氮气放出体积。注意，在读数时，应将水准瓶和量气管的液面调至水平，以后每隔 5 min 记录一次体积，直至氮气放出速率显著减慢为止，记下量气管壁的温度。

五、数据处理

（1）实验条件下样品完全分解放出氮气的体积 V_∞ 由下式求得：

$$V_\infty=\frac{nRT}{p_{N_2}}=\frac{nRT}{p-p_{H_2O}-p_{甲苯}}$$

式中 p_{N_2}——系统中氮气的蒸气压；

p——当时的大气压；

p_{H_2O}——量气管温度下水的蒸气压；

$p_{甲苯}$——量气管温度下甲苯的蒸气压。

$$\lg p_{甲苯}=A-\frac{B}{C+t}$$

A=6.95464

B=1344.8

C=219.482

p 的单位：mmHg（毫米汞柱）（1 mmHg=133 Pa），t 的单位：℃。

（2）实验数据填入表 2-4 中：

表 2-4　引发剂分解速率的测定数据记录

时间 t / min	体积 V_t / mL	$\lg\frac{V_\infty}{V_\infty-V_t}$

最后以 $\lg\frac{V_\infty}{V_\infty-V_t}$ 对 t 作图，由直线的斜率求出偶氮二异丁腈的分解速率 K_d。

六、讨论和思考题

（1）本实验所用的仪器能用来测定过氧化苯甲酰放出来的 CO_2 吗？为什么？

（2）根据你所测得分解速率 K_d，求 AIBN 的半衰期 $t_{1/2}$。

（3）如果 AIBN 在 600 ℃时的分解速率是 $6.4\times10^{-4}\ min^{-1}$，此过程的活化能是多少？

（4）如何正确读取量气管中液面的高度？

实验十五　醋酸纤维素的制备

一、实验目的

（1）掌握醋酸纤维素的制备方法。
（2）了解纤维素的结构特征。

二、实验原理

利用纤维素中的羟基在酸催化的作用下与乙酐反应，发生酰基化生成醋酸纤维素。

$$\left[C_6H_7O_2 \begin{matrix} -OH \\ -OH \\ -OH \end{matrix} \right]_n + 3n\,(CH_3CO)_2O \xrightarrow{H_2SO_4} \left[C_6H_7O_2 \begin{matrix} -OCOCH_3 \\ -OCOCH_3 \\ -OCOCH_3 \end{matrix} \right]_n + 3n\,CH_3COOH$$

三、实验仪器和材料

1. 实验仪器

搅拌机、温度计（0~100 ℃）、布氏漏斗、抽滤瓶、水泵、电热水浴锅、烧杯、表面皿。

2. 实验材料

脱脂棉、冰醋酸、浓硫酸、乙酸酐。

四、实验步骤

1. 纤维素的乙酰化

在烧瓶中加脱脂棉 5 g、冰醋酸 35 mL、浓硫酸 4 滴和乙酸酐 25 mL，盖一表面皿，于 50 ℃的水浴中加热，并搅动，使纤维素酰基化 1.5~2 h，成均相糊状物。再按下述步骤分离出三乙酸纤维素和制备 2, 5-乙酸纤维素。

2. 三乙酸纤维素的分离

取一半上述糊状物倒入另一烧杯中，加热至 60 ℃，搅拌下慢慢加入 12.5 mL 质量分数 80% 的乙酸，在 60 ℃保温 15 min，搅拌下加入水 12 mL，再以较快速度加入 100 mL 水，白色、松散的三乙酸纤维素即沉淀出来。

将其转入布氏漏斗中抽滤后，分散于 150 mL 水中，倾去上层液，并洗至中性，再滤出三乙酸纤维素，于 105 ℃下干燥。

产量约 3.5 g，可溶于二氯甲烷-甲醇混合溶剂（9∶1）中，不溶于丙酮及沸腾的苯-甲醇混合溶剂（1∶1）。

3. 2, 5-乙酸纤维素的制备

将另一半糊状物于 60 ℃搅拌下，慢慢倒入 25 mL 质量分数 70%的乙酸及浓硫酸（2 滴）的混合物中，于 80 ℃水浴中加热 2 h，使三乙酸纤维素部分皂化，得 2, 5-乙酸纤维素，加水，洗涤，吸滤等与三乙酸纤维素制备相同。

产物约 3 g，产品可溶于丙酮及苯-甲醇混合溶剂（1∶1）。

五、注意事项

制三乙酸纤维素时，浓硫酸不可直接滴在棉花上，待冰醋酸、乙酸酐将棉花浸溶后再滴，或直接加上冰醋酸。

六、讨论和思考题

计算本实验的产率，并列出溶解度实验结果。

第四节 选修内容

实验十六 聚合反应的追踪

要了解一个聚合反应的进行情况，就要测定一定反应时间后的反应程度或转化率。可根据反应过程中反应物官能团的变化、反应体系黏度及折光率等的变化来判断，常用的测定方法有称量法、化学分析法、膨胀计法、折光仪法、黏度法和仪器分析法等多种。

一、称量法

在反应进行一段时间之后停止聚合，分离并称量所生成的聚合物。其分离的方法可选用合适的沉淀剂，将聚合物从反应体系中沉淀出来。也可以通过蒸馏和抽提从反应混合物中除去未反应的单体、溶剂以及其他易挥发的成分。前一种分离方法会造成聚合物在沉淀、过滤、干燥过程中的损失；而后一种方法往往会有少量单体、低聚物或其他低分子物残留在聚合物样品中。精确的实验中，需将二者对照进行修正。

二、化学分析法

通常用滴定法测定残留官能团的数目。在缩聚反应的情况下，可同时测得反应程度和数均聚合度。如聚酯化反应中用标准碱滴定残余的羧基、聚酰胺化反应中用标准酸滴定氨基。也可以用回滴定的方法，如聚酯化反应中产物的差值测定，可在吡啶溶液中使羟基和乙酸酐反应，随后稀释并用标准碱滴定剩余的乙酸和聚合物链上的羧基。烯类单体聚合中残余双键也可以用化学滴定法分析。如溶液聚合过程中，剩余在四氯化碳中的苯乙烯单体和溴或溴化碘的标准溶液反应后，过量溴再与碘化钾反应，而游离碘用硫代硫酸钠滴定。

三、膨胀计法

烯类单体聚合时都有不同程度的体积收缩，而当单体和它的聚合物混合时，单体本身无明显的体积变化，这样，一个聚合体系的转化率和它的体积之间就有着线性关系。为了跟踪聚合反应过程中的体积变化，可使反应在膨胀计中进行。膨胀计的形式，反应器的大小以及毛细管的粗细可根据测量范围内的体积变化和所要达到的精度来确定。反应时要求膨胀计无泄漏，反应器内无气泡，并严格控制反应温度。在低转化率的条件下（动力学实验只要求低转化率），聚合体系黏度低，传热问题不突出，可以不用搅拌，但在乳液聚合体系中搅拌则不可缺少。现已有多种形式的自动记录膨胀计出现，可以进行全聚合过程的速率测定。

四、折光仪法

运用测定折光指数来跟踪聚合反应是一种简单而又快速的方法，它的原理是聚合物和单体化学键的排列不同，因而具有不同的折光率，测定聚合物-单体混合体系的折光率，根据一定的换算关系可获得单体转化率数据。

五、黏度法

在一定温度下，黏度既取决于聚合物的浓度，又取决于聚合物的相对分子质量。聚合体系黏度的增加反映了转化率的增加，自由基体聚合和缩聚反应中常用相对黏度法控制反应过程，但要掌握黏度和转化率之间的确定关系，应该有其他方法获得的校正曲线进行对照。

六、气相色谱法

气相色谱是一种简单、迅速而有效的分析方法。它特别适用于多组分的共聚合体系。对于这样的共聚合体系，用其他方法则常常不适用或者需要进行很费时的校正。可以先从混合体系中沉淀分离出聚合物后，再用气相色谱法分析溶于沉淀剂中的单体，而对于低转化率的体系也可以直接取样分析。

七、红外光谱法

常用红外的特征吸收峰来测定特定官能团浓度的变化。因单体和聚合物的结构不同，它们的红外光谱图常显示出很大的差异，这种差异被用来追踪聚合过程。用红外光谱测定一个聚合反应时，可以将适合的聚合反应器安放在红外光谱仪的光路中，因而可以在不影响聚合反应的情况下进行测定。

实验十七　高聚物的分析、鉴定方法

一、聚合物样品的制备

分离得到的聚合物，在进行分析、鉴定之前还必须进一步纯化，通常采用的方法有洗涤、萃取、重沉淀和冷冻干燥等。

要进行干燥，首先要将聚合物样品研碎，应在沉淀分离时尽使其呈粉状或石榴状。聚合物多在真空烘箱中进行干燥，干燥温度应控制在聚合物的软化点以下。冷冻干燥法是将高聚物溶液骤然冷却冻结，在保持不熔融的条件下使溶剂升华，最后留下的高聚物为多孔性海绵状固体。

二、聚合物的化学分析方法

1. 双键的测定

测定聚合物的不饱和键主要根据溴和碘在双键上的定量加成反应。为此目的常用下列方法：克诺泼法、亢乌斯法和卡乌天曼法，后两种方法在没有催化剂时不适用于分析丙烯酸（酯）和它的衍生物。

下面介绍以克诺泼法测定溴值。

作为溴化剂采用 KBr 和 $KBrO_3$ 溶液，在浓盐酸作用下，放出自由态溴。溴易和碳碳双键加成，这一反应可用来测定化合物中碳碳双键的含量。溴酸钾和溴化钾在酸性介质中反应能生成溴，因而溴酸钾和溴化钾溶液常被用来作为测定碳碳双键含量的试剂。

$$KBrO_3 + 5KBr + 6HCl \rightleftharpoons Br_2 + 6KCl + 3H_2O$$

$$>C{=}C< \; + \; Br_2 \longrightarrow -\underset{Br}{\overset{|}{\underset{|}{C}}}-\underset{Br}{\overset{|}{\underset{|}{C}}}-$$

测定方法：在装有样品的反应瓶内加入过量的 $KBrO_3$-KBr 水溶液[1]，反应完全后加入 KI，析出的 I_2 用 Na_2SO_3 标准溶液[2]回滴，其反应式如下：

$$Br_2 + 2KI \longrightarrow I_2 + 2KBr$$

$$I_2 + 2Na_2S_2O_3 \longrightarrow 2NaI + Na_2S_4O_6$$

同时进行空白滴定，由空白滴定和样品滴定中所消耗的 $Na_2S_2O_3$，溶液体积之差可求出双键的含量。结果可以用溴价[100 g 样品所消耗溴的质量（单位：mg）]或双键的百分含量来表示。

$$B = \frac{(V_1 - V_2)M \times 79.916}{W} \times 100\%$$

式中 B——溴价；

E——双键百分含量；

V_1，V_2——空白和样品滴定中所消耗的 $Na_2S_2O_3$ 标准溶液的体积，mL；

M——$Na_2S_2O_3$ 标准溶液的浓度，mol/L；

W——样品质量，mg。

如果被测样品是含双键的单体，则可根据实测的双键含量或溴价计算出样品的纯度。

测定操作：在 250 mL 的锥形瓶中加入 10 mL 冰醋酸、四氯化碳、甲醇等混合溶剂[3]，塞好磨口瓶塞，用一事先准备好的干净滴管迅速滴入几滴样品（120~150 mg），立即盖好瓶塞，在天平上准确称量。然后用移液管吸取 50 mL 0.1 mol/L 的 $KBrO_3$-KBr 溶液放入锥形瓶内[4]，再加入 2 mL 浓 HCl，盖上瓶塞摇匀后避光放置 20~30 min。加入 1.5 g 固体 KI[5]，摇动使之溶解后，在暗处放置 5 min。然后用 0.12 mol/L 的 $Na_2S_2O_3$ 标准溶液滴定。滴定接近终点时溶液呈浅黄色，这时加入 1 mL 1%的淀粉溶液，继续滴至蓝色消失时为终点，记下读数。按同样方法做空白滴定。样品及空白滴定都要做 2 次，取 2 次平均值[6]。

注：① 准确称取 2.7840 g $KBrO_3$ 和 10.0000 g KBr，用蒸馏水溶解，稀释至 1 L，避光保存。

② 称取 30 g $Na_2S_2O_3$ 和 0.2 g Na_2CO_3，用新煮沸过的蒸馏水（冷却至室温）溶解并稀释至 1 L，密闭保存于棕色瓶中，放置 8~12 d 后标定其浓度。加入 Na_2CO_3，是为了防止 $Na_2S_2O_3$ 分解。Na_2CO_3 浓度不要超过 0.02%，若要长期保存，还应加入 HgI_2（10 mL/L），用以防止微生物作用。

③ 混合溶剂的配制：取 375 mL 冰醋酸、67 mL 四氯化碳、60 mL 甲醇、9 mL 稀 H_2SO_4（体积比 1∶5）、2 mL 10%的 $HgCl_2$ 甲醇溶液。将上述试剂混合均匀即得混合溶剂，其中 $HgCl_2$ 为催化剂。

④ 在夏天室温较高，当加入 $KBrO_3$-KBr 溶液后，反应瓶最好及时浸入冰水里以减少副反应。

⑤ KI 是过量的，过量的 I^- 与 I_2 生成 I_3^- 配离子，有助于 I_2 的溶解，但 KI 的浓度不要超过 2%~4%。

⑥ 这一测定方法不适合测定那些在双键碳原子上连有吸电子基团的烯烃。

2. 羧基的测定

用碱溶液滴定聚合物的羧基，羧基可能位于高分子链两端，亦可能位于链侧。

$$HO\!\left[O-\overset{\displaystyle O}{\overset{\|}{C}}-O-\overset{\displaystyle O}{\overset{\|}{C}}-R'-O\right]_n\!H + KOH \longrightarrow$$

$$KO\!\left[O-\overset{\displaystyle O}{\overset{\|}{C}}-O-\overset{\displaystyle O}{\overset{\|}{C}}-R'-O\right]_n\!H + H_2O$$

$$\left[CH_2-\underset{\underset{\displaystyle COOH}{|}}{CH}\right]_n + n\,KOH \longrightarrow \left[CH_2-\underset{\underset{\displaystyle COOK}{|}}{CH}\right]_n + n\,H_2O$$

酸值是指 1 g 样品滴定时所消耗 KOH 的质量（单位：mg），测定方法是将聚合物溶于一些惰性溶剂中（如甲醇、乙醇、丙酮、苯和氯仿等），以酚酞为指示剂，用 0.01~0.1 mol/L 的 KOH（或 NaOH）醇溶液滴定。

具体操作：准确称取适量样品，放入 100 mL 锥形瓶中，用移液管加入 20 mL，溶剂，轻轻摇动锥形瓶使样品全部溶解。然后加入 2~3 滴 0.1%的酚酞溶液，用 KOH（或 NaOH）醇标准溶液滴定至浅粉红色（颜色保持 15~30 s 不褪）。用同法进行空白滴定，重复 2 次。结果按下式计算：

$$\text{酸值}=\frac{(V-V_0)M\times 56.11}{W}$$

式中 V、V_0——样品滴定、空白滴定所消耗 KOH 标准溶液体积，mL；

M——KOH 标准溶液的浓度，mol/L；

W——样品质量，g。

3. 羟值的测定

羟值是指在本方法中滴定 1 g 样品所消耗 KOH 的质量（单位：mg）。

羟基能与酸酐发生酯化反应，反应式为：

$$R—OH + \begin{matrix} R'—C(=O) \\ \diagdown \\ O \\ \diagup \\ R'—C(=O) \end{matrix} \longrightarrow R—O—\overset{\overset{\displaystyle O}{\|}}{C}—R' + R'COOH$$

用 KOH 或 NaOH 滴定在此反应过程中所消耗的酸酐的量，即可求出羟值。常用的酸酐有醋酐和邻苯二甲酸酐。具体操作步骤如下：

在一洁净、干燥的棕色瓶内，加入 100 mL 新蒸吡啶，和 15 mL 新蒸醋酸酐[①]混合均匀后备用。

称取 2 g 样品（精确到 1 mg），放入 100 mL 磨口锥形瓶内，用移液管准确移取 10 mL 上述配好的醋酐-吡啶溶液，放入瓶内并用 2 mL 吡啶[②]冲洗瓶口。然后在瓶口上装上带有干燥管的回流冷凝管。轻轻摇动瓶子使样品溶解。待样品溶解完全之后将锥形瓶放在甘油浴中，于 100 ℃[③]下保持 1 h，加入 5 mL 蒸馏水，再过 10 min 从甘油浴中取出锥形瓶，用 5 mL 吡啶冲洗冷凝管[④]。冷至接近室温时取下冷凝管，加入 3~5 滴 0.1%酚酞乙醇溶液，用 1 mol/L 的 KOH 标准溶液滴定。同时做空白滴定，重复 2 遍。结果按下式计算：

$$\text{羟值}=\frac{(V-V_0)M\times 56.11}{W}$$

式中 V、V_0——样品滴定、空白滴定所消耗 KOH 标准溶液体积，mL；

M——KOH 标准溶液的浓度，mol/L；

W——样品质量，g。

对于端羟基聚合物，测得其羟值可以用来计算其数均相对分子质量。若聚合物分子是双端羟基的，则其数均相对分子质量 M_n 表示为：

$$M_n = \frac{2 \times 56.11 \times 1000}{\text{羟值}}$$

注：① 本方法中试剂用量以相对分子质量 1000~2000 的双端基聚四氢呋喃为依据，若测定其他含羟基的样品，则试剂的配制及用量可根据具体情况适当调整。吡啶有毒，操作在通风橱中进行。

② 冲洗瓶口用 2 mL 吡啶即可。若样品在稍加热的情况下仍溶解得不好，可再加入少量溶剂，但要适量，否则酸酐浓度过低，将不利于酰化反应进行。

③ 酰化反应不要在回流条件下进行，因为在回流温度下醋酐-吡啶溶液颜色会加深而干扰测定。温度稍低一点，虽反应速率降低，但因酸酐过量，酰化反应仍能进行完全。

④ 反应结束后，用吡啶仔细冲洗冷凝管。

4．环氧值的测定

环氧树脂中的环氧基含量可用环氧值或环氧基的质量分数表示。环氧值是指 100 g 环氧树脂中含有环氧基的物质的量（单位：mol）。如相对分子质量为 340 的环氧树脂，每个分子含有 2 个环氧基，则 340 g 树脂中含有 2 mol 环氧基，其环氧值为 0.58（2×100/340）。环氧值和环氧基百分含量有如下换算关系：

$$\text{环氧值} = \frac{\text{环氧基质量分数}}{43} \times 100$$

环氧树脂中的环氧基在盐酸吡啶溶液中能被 HCl 开环，测定所消耗的 HCl 的量，即可算出环氧值。其反应式如下：

$$C_5H_5N + HCl \longrightarrow C_5H_5N{<}^{H}_{Cl}$$

$$C_5H_5N{<}^{H}_{Cl} + \sim\!\!\sim CH\!-\!CH_2(\!-\!O\!-\!) \longrightarrow C_5H_5N + \sim\!\!\sim \underset{OH}{CH}\!-\!\underset{Cl}{CH_2}$$

$$C_5H_5N{<}^{H}_{Cl} + NaOH \longrightarrow C_5H_5N + NaCl + H_2O$$

具体操作：准确称取 0.5 g（精确到 1 mg）环氧树脂[①]，放入 250 mL 磨口锥形瓶中，用移液管加入 0.2 mol/L 的盐酸吡啶溶液[②]20 mL，装上回流冷凝管，轻轻摇动使样品溶解。等样品完全溶解后，将锥形瓶浸入甘油浴，于 95~100 ℃下保温 30 min 后取出，用 5 mL 吡啶冲洗冷凝管。冷至室温后卸下冷凝管，加入 3 滴酚酞溶液，用 0.2 mol/L 的 NaOH 乙醇标准溶液滴定至浅粉红色。同时做空白滴定，重复 2 遍，结果按下式计算：

$$\text{EPV} = \frac{(V_0 - V_1)M}{10W}$$

式中　EPV——环氧值；

V_0、V_1——空白滴定、样品滴定所消耗的 NaOH 乙醇标准溶液的体积，mL；

M——NaOH 乙醇标准溶液的浓度，mol/L；

W——样品的质量，g。

注：① 低相对分子质量的环氧树脂在室温下为黏稠液体，取样可用一干净的玻璃棒挑取一小团树脂黏到已准确称量的锥形瓶底内壁上（注意不要让树脂拉出的丝粘到瓶口上）。若样品的相对分子质量较高，可称取 1 g 左右的样品。

② 取 10 mL 浓盐酸加入 500 mL 吡啶中即得 0.2 mol/L 的盐酸吡啶溶液。测定相对分子质量小于 1500 的环氧树脂可用盐酸丙酮溶液。配制方法与盐酸吡啶溶液相同。实验操作应在通风橱中进行。

5. 醇解度的测定

醇解度是指分子链上的羟基与醇解前分子链上乙酰基总数的比值。

由聚醋酸乙烯酯经醇解所制得的聚乙烯醇（PVA），其醇解度常不相同，分子链上还剩有数量不等的乙酰基。用 NaOH 溶液水解剩余的酯基，根据所消耗 NaOH 的量，可计算出醇解度。具体操作：准确称取干燥至质量恒定的 PVA 样品 1.5 g（精确到 1 mg），置于 250 mL 锥形瓶中，加入 80 mL 蒸馏水，回流至全部溶解。稍冷后加入 25 mL 0.5 mol/L 的 NaOH 水溶液，在水浴上回流 1 h，再冷却至近室温，用 10 mL 蒸馏水冲洗冷凝管。卸下冷凝管。加入几滴 0.1%的甲基橙溶液，用 0.5 mol/L 盐酸标准溶液滴定至出现黄色。同时做空白滴定。如此重复 2 遍，结果按下式进行计算：

$$\text{乙酰基含量} = \frac{(V_0 - V)M \times 0.043}{W} \times 100\%$$

$$\text{醇解度} = \frac{W - (V_0 - V)M \times 0.086}{W - (V_0 - V)M \times 0.042} \times 100\%$$

式中　V、V_0——样品滴定、空白滴定所消耗 HCl 标准溶液体积，mL；

M——HC 标准溶液的浓度，mol/L；

W——样品质量，g。

6. 缩醛度的测定

缩醛度是指参加缩醛反应的羟基的百分含量。缩醛基和盐酸羟胺反应放出 HCl，用碱滴定所释放出来的盐酸，根据碱的用量可求得缩醛度。

反应方程式如下：

$$\left[\begin{array}{c} -CH-CH_2-CH-CH_2- \\ \quad | \qquad\qquad\quad | \\ \quad O-CH-O \\ \qquad | \\ \qquad C_3H_7 \end{array} \right]_n + n\,NH_2OH \cdot HCl$$

$$\left[\begin{array}{c}-CH-CH_2-CH-CH_2- \\ \quad | \qquad\qquad\quad | \\ \quad OH \qquad\quad\; OH\end{array}\right]_n + n\,C_3H_7-CH{=}NOH_2 + HCl$$

操作：准确称取干燥至质量恒定的聚乙烯醇缩丁醛（PVA）样品 1 g（精确到 1 mg）。置于 250 mL 磨口锥形瓶中，加入 50 mL 乙醇、25 mL7%的盐酸羟胺溶液，装上回流冷凝管在水浴中回流 3 h。冷却至近室温后将冷凝管用 20 mL 乙醇仔细冲洗后取下。加入几滴溴百里酚蓝指示剂①，用 0.5 mol/ L 的 NaOH 标准溶液②滴定，终点时溶液由黄变蓝。同样条件下进行空白滴定。重复 2 次③。计算式：

$$P=\frac{(V-V_0)M\times 0.073}{W}\times 100\%$$

$$缩醛度=\frac{(V-V_0)M\times[44A+86(1-A)]}{500AW}\times 100\%$$

式中 P——PVA 分子链上 $CH_3CH_2CH_2CHO$ 的百分含量；

V、V_0——空白滴定、样品滴定所消耗的 NaOH 标准溶液的体积，mL；

M——NaOH 标准溶液的浓度，mol/L；

W——样品的质量，g；

A——醇解度。

注：① 溴百里酚蓝的配制：用 20%的乙醇将其配制成 0.05%的溶液，再在每 100 mL 溶液中加入 3.2 mL 0.05 mol/L 的 NaOH 溶液。

② NaOH 标准溶液所用溶剂为 50%的乙醇。

③ 这一方法只适合那些能溶于水-乙醇体系的缩醛。对于不溶者，如聚乙烯醇缩甲醛，则应先将其酸解，收集解离出来的醛，然后用同样方法进行测定。

7. 氯含量的测定

含有氯元素的聚合物样品在镍坩埚中被 NaOH 和 KNO_3 分解，使氯转化为离子。把被分解后的样品溶在水中，用标准 $AgNO_3$ 溶液将 Cl^- 沉淀，再用 KCNS 标准溶液滴定剩余的 Ag^+，从而计算出氯含量。

操作：准确称取干燥至质量恒定的样品 0.2 g（精确至 1 mg），放入镍坩埚中，加入 2 g NaOH 和 1 g KNO_3，仔细将其拌匀，然后在其面上再覆盖 0.5 g KNO_3。盖好坩埚盖，置坩埚于泥三角上，在煤气灯上加热。加热时，用坩埚钳压紧坩埚盖，并注意控制加热温度，若黑烟冒出很激烈，可撤去煤气灯，稍停一会儿再继续加热。加热时间约 10 min，这时可揭开坩埚盖，看样品是否完全分解，若还有未被分解的黑色物附在坩埚壁或盖上，可将坩埚倾斜，使未分解的部分接近火源。坩埚盖上放上数粒 KNO_3，直接在火上加热到附有一层透明液体。撤离火源，钳住坩埚慢慢转动使熔融物在坩埚内壁均匀凝固。

冷却后，将坩埚连同盖一起投入装有 150 mL 刚煮沸过的蒸馏水的烧杯中。在烧杯上盖一块表面皿。加热，待坩埚内固体全部溶解，取出坩埚及盖子，用蒸馏水冲洗数次，使溶液总量在 200 mL 左右。

在上述水溶液中加几滴酚酞指示剂，用 1∶1 HNO_3 中和后再过量 3~5 mL。加入硝基苯 2 mL，在充分搅拌下慢慢加入 0.1 mol/L 的 $AgNO_3$ 标准溶液 20 mL，再加入 30%的铁铵矾 $[FeNH_4(SO_4)_2 \cdot 12H_2O]$ 指示剂 1 mL，搅拌下用 0.1 mol/L 的 KCNS 标准溶液滴定，至出现微砖红色。计算式：

$$\text{氯含量} = \frac{(M_1V_1 - M_2V_2) \times 35.46}{100W} \times 100\%$$

式中 M_1——$AgNO_3$ 标准溶液的浓度，mol/L；

V_1——加入的 $AgNO_3$ 标准溶液的体积，mL；

M_2——KCNS 标准溶液的浓度，mol/L；

V_2——滴定时所消耗的 KCNS 标准溶液的体积，mL；

W——样品的质量，g。

8. 游离异氰酸酯基的测定

样品中的异氰酸酯易与过量的胺反应，用酸的标准溶液回滴剩余的胺，根据所消耗的标准酸的量可算出异氰酸酯的含量。比较合适的胺是正丁胺和二正丁基胺。反应方程式如下：

$$RNCO + R'NH_2 \longrightarrow RNCONHR'$$

$$R'NH_2 + HCl \longrightarrow R'NH_2 \cdot HCl$$

水和醇能和异氰酸酯基反应，所以选用的溶剂一定是非羟基型并经严格处理。一般常用氯苯、二氧六环做溶剂。

操作：称取约 1 g（精确到 1 mg）样品①，置于 100 mL 磨口锥形瓶中，加入 10 mL 二氧六环。待样品全部溶解后，用移液管准确移入 10 mL 正丁胺的二氧六环溶液②，盖上磨口塞，摇匀放置 15 min③后加入几滴甲基红溶液④。用 0.1 mol/L 的盐酸标准溶液滴定，终点时溶液颜色由黄变红。同时进行空白滴定。重复 2 次，计算式：

$$C = \frac{(V_0 - V_1)M \times 4.2}{100W} \times 100\%$$

式中 C——异氰酸酯基在样品中的百分含量；

V_0、V——空白滴定、样品滴定中所消耗的盐酸标准溶液的体积，mL；

M——HCl 标准溶液的浓度，mol/L；

W——样品的质量，g。

注：① 取样量的多少应根据样品中的异氰酸酯的大致含量确定。

② 二氧六环在 KOH 存在下回流 6 h 后蒸出。用在 500 ℃下活化的分子筛浸泡干燥。称取 25 g 正丁胺，溶于上述干燥好的二氧六环中，稀释至 1000 mL。

③ 测定不同类型的样品放置时间是不同的。一般测芳香族异氰酸酯时放置 15 min，脂肪族异氰酸酯要放置 45 min。

④ 甲基红用 60%的乙醇配成 0.1%的溶液。

9. 苯酚的分析方法

（1）试剂配制

配制 0.1 mol/L $KBrO_3$-KBr 溶液：称取 2.7835 g 分析纯、干燥的 $KBrO_3$ 和 10.0000 g 分析纯、干燥的 KBr，溶于蒸馏水中，稀释至 1 L。

配制 0.1 mol/L $Na_2S_2O_3$ 溶液：称取 24.800 g 分析纯 $Na_2S_2O_3 \cdot 5H_2O$，溶于蒸馏水中，稀释至 1 L。

配制淀粉溶液：称取 0.5 g 可溶性淀粉，用冷水先调成稀糊状，倒入沸腾的 80 mL 蒸馏水中继续煮沸 5 min。过滤后，加入 $ZnCl_2$ 0.4 g，调节至 100 mL。

（2）分析步骤

① 空白滴定：用吸量管或移液管量取 10 mL $KBrO_3$-KBr 溶液，放入锥形瓶中，加入 3 mL 浓盐酸，迅速盖好瓶塞，摇匀后放置 10 min。加入 5%的 KI 溶液 6 mL，摇匀，再静置 10 min 后，用蒸馏水冲洗瓶口和瓶塞。用 0.1 mol/L 的 $Na_2S_2O_3$ 标准溶液滴定。近终点时加入数滴淀粉溶液，滴到蓝色消失。

空白滴定也可取 20 mL、30 mL、35 mL 等不同量的 $KBrO_3$-KBr 混合液，以测定不同含酚量的样品。所用其他试剂也按相应的比例增加。

②样品分析：用吸量管移取 10 mL $KBrO_3$-KBr 混合液于锥形瓶中，加入待测样品 10 mL，再加入 3 mL 浓盐酸和 6 mL 5% KI 溶液。按上述空白滴定的步骤进行滴定。结果按下式进行计算：

$$P=\frac{(V_0-V_1)NM}{6000V}\times 100\%$$

式中 P——单位体积样品中含苯酚的量，g/mL；

V_0、V_1——空白滴定、样品滴定所消耗的 $Na_2S_2O_3$ 标准溶液的体积，mL；

N——$Na_2S_2O_3$ 标准溶液的浓度，mol/L；

M——苯酚的摩尔质量，g/mol；

V——被测样品的体积，mL。

微量酚的测定常用 4-氨基安替比林法，具体测定步骤如下：

（1）标准曲线的绘制

称取 0.5000 g 新蒸的苯酚于 100 mL 锥形瓶中，加蒸馏水溶解，移入 1000 mL 容量瓶中，加蒸馏水稀释至刻度。

取 250 mL 锥形瓶 6 只，分别加入 2 mL、4 mL、6 mL、8 mL、10 mL、12 mL 刚配制的标准苯酚溶液，再分别加入 2 mL 浓盐酸并用蒸馏水稀释至 50 mL。

用 5%的 NaOH 水溶液调 pH 值至 7~8，加入 1 mL 3%的 4-氨基安替比林、10 mL 4%四硼酸钠水溶液及 1 mL 2% $(NH_4)_2S_2O_3$ 水溶液，一并移入 100 mL 容量瓶中，加蒸馏水稀释至刻度，摇匀，放置 15 min。

用分光光度计测定消光，波长 530 nm，每个样品分别用 20.15，10.02 和 4.99 比色杯各测一次。

绘制酚浓度-消光值标准工作曲线。

（2）样品的测定

取 50 mL 样品，在锥形瓶中用 5%的 NaOH 水溶液中和至 pH 值为 7~8。加入 1 mL 3% 4-氨基安替比林、10 mL 4%四硼酸钠和 1 mL 2% $(NH_4)_2S_2O_3$，然后一并移入 100 mL 的锥形瓶中，稀释至刻度，摇匀后放置 15 min。

测消光，根据所测消光值在前面绘制的工作曲线上查出对应的酚浓度。实验酚浓度为查出的酚浓度的 2 倍。

在本方法中，NaCl 浓度对消光值有影响，故中和时 NaOH 的用量要把握准确。

三、聚合物的鉴定

合成出来的聚合物需进行鉴定。鉴定的内容常包括相对分子质量测定、成分和结构的测定以及各种应用性能的测试等。若合成出的是一种新的聚合物，还应先试验其溶解特性。

试验溶解性的方法是将少量聚合物样品置于小试管中，加入 1 mL 所选取的溶剂，不时加以摇动，若室温下几小时不溶解可慢慢加热混合物，必要时还可加热到溶剂的沸点，若观察到变色或释放出其他气体，可能是聚合物与溶剂有作用或聚合物发生了分解。如果在高温下已溶解了的聚合物在冷却后又析出，则说明聚合物仅溶于热溶剂中。当聚合物只溶胀而不溶解时，可另换溶剂或混合溶剂进行试验。只有在可能溶解的溶剂中都不溶解的聚合物，方可认为该聚合物是交联的。

相对分子质量的测定对于许多聚合物的研究工作来说是必不可少的。测定聚合物的相对分子质量有相对法和绝对法两种。属于绝对法的有渗透压法、超离心法和光散射法。比较常用的黏度法、气相渗透法及凝胶渗透色谱（GPC）都是相对法，需要有已知相对分子质量的物质作为参比。

化学法中的端基滴定也是一种简单并得到广泛应用的方法。但是它只适用于相对分子质量不太大的某些聚合物。

成分和结构的测定。若合成出的是一种未知聚合物，常先进行元素分析来确定其大致成分，接着可根据需要进行红外光谱、紫外光谱、核磁共振谱及裂解色质联用谱等分析。

红外光谱法应用于聚合物体系如同用于其他体系一样，具有分析速度快、用样量少、不破坏样品等优点。通过红外分析可以获得的信息有：进行官能团分析确定链结构的主要成分；区分构型异构体；测定立构规整性；测定样品的结晶度；测定共聚物的组成和序列分布；测定支化度；低聚物的端基分析等。总之将一张聚合物的红外光谱图与一系列聚合物的标准光谱图进行对照，很容易确定其大致组成和结构。

紫外光谱灵敏度高，但许多聚合物在紫外区无吸收，这时可用紫外光谱检测样品中的杂质。核磁谱是用来推断聚合物链结构最为有效的方法之一，关键是要找到适宜进行核磁分析的溶剂。

在一定条件下将聚合物裂解，然后进行红外分析或色谱-质谱联用分析，可以获得大量有用的信息，有利于确认聚合物样品的成分和结构。

化学降解法（如酸解或水解）以及化学滴定法可适用于某些缩聚产物及天然产物的结构分析研究。

第三章 拓展实验

第一节 高分子计算机模拟概述

一、高分子模拟技术（Polymer Simulation）

当前从事高分子研究通常有三种手段：第一，是实验手段，这是高分子界学者所共知的。第二，是理论手段，国内仅有极少部分学者从事这种工作。第三，是“计算机实验”手段（即“计算机模拟”研究），国内已有部分学者从事这方面的研究工作。“计算机实验”（“计算机模拟”）是利用计算机软、硬件将高分子实验研究和理论研究相结合起来的一种新研究方法，它可以用计算机给出被研究体系的实验可测的物理量及现有实验无法测量的物理量。对计算机给出的实验可测物理量，我们可通过用实验实测数据来进行比较，从而判定模拟方法的正确与否及由此推断在真正实验中无法看到的实验系统的动态演变过程；计算机给出的现有实验无法测量的物理量，可以给我们提供在实验研究中无法得到的各种额外“数据"，从而弥补了现实研究手段的不足。

1. 蒙特卡洛（Monte Carlo）模拟方法

蒙特卡洛方法建立在统计数学的基础上，因此在数学上称为“随机模拟”（或“统计试验方法”），它在对高分子问题的研究中，使用真实分子模型，用真实分子的键长、键角，根据实验的各种外部、内部条件，以及化学反应、物质变化的各种物理-化学定律，来考察、计算模型体系的各种统计性质的变化及对所研究的问题给出统计参数。蒙特卡洛模拟适用于研究复杂体系。研究具有多得数不清的结构、状态的体系，对此我们可以采用蒙特卡洛模拟，以统计的方法寻找出现概率最高的结构、状态，或相应的有关数据。蒙特卡洛模拟方法，可用于模拟研究高分子链的结构、状态统计；高分子链形成的凝聚态的统计；高分子各种静态结构和非平衡态结构的动态演变的统计；高分子随加工条件的变化在高分子材料中形成的多相、多组分体系结构、形态的演变过程等领域的基础性课题。蒙特卡洛模拟方法，根据所研究的各种不同问题，编有不同的计算机软件。

2. 分子动力学模拟方法

分子动力学模拟方法建立在经典力学的基础上，把分子看成是用弹簧将不同原子相连接而构成的复杂体系，在这种体系中各原子处在不同的势能场中，同时因受外部因素如温度、压力、电场等条件的影响，分子中各原子还受到不同动能场的影响。根据这样的物理模型，计算各种分子体系在不同外界条件下，分子所呈现的各种状态时的能量的分布，由此可推算分子在真实实验体系中出现的最大概率状态（最低能量的状态）和可能出现的状态或过渡态（能量高于最低能量态时的状态）。分子动力学模拟方法更适合于研究实验体系在短时间尺度中的动力学过程。而恰恰是对短时间尺度中的动力学过程，我们难以在实验中测得有用的数据。分子动力学模拟方法，可用于模拟研究高分子链构象、高分子链的结晶行为、高分子材料中高分子的受力状态、高分子热力学研究等领域的学术问题。分子动力学模拟方法，针对不同的研究领域，已有专门的计算软件。

第二节　计算机模拟在高分子化学反应中的应用*

高分子化学专业会涉及大量的公式计算和反复的实验。为减轻计算的工作量，并减少繁复计算出现的错误，利用程序设计自动、高效的特点，可以用程序设计模拟建模来实现。目前 Visual Basic6.0 程序设计语言是大多高校非计算机专业进行计算机基础教育的重要课程之一。学生学习后已经具备了基本的编程和调试技能，并具有了使用 VB 高级程序语言解决实际应用问题的能力。本书以计算机模拟高分子化学中共聚合反应为例，介绍 VB 语言在高分子化学中的应用。

一、计算机模拟在高分子化学中的应用

1. 计算机模拟

在一定假设条件或提供相关参数的情况下，可以利用数学运算来模拟系统的运行，现在这种操作都在计算机上进行，所以又称为计算机模拟。在计算机中模拟运算、所需的环境、试验过程，最后得出结果，直观地显示给用户。计算机模拟可以用于高分子材料的各种性能预测、共聚合反应、高分子动力学模拟、高分子中的 Monte Carlo 模拟等方面。

2. 计算机模拟共聚合反应

研究聚合反应机理和聚合方法是高分子化学的基础。聚合反应是单体合成聚合物的反应过程，有聚合能力的低分子原料称为单体。由一种单体进行的聚合反应称为均聚合，但单一单体生成的均聚物种类是有限的，不足以满足人类的各种需要。如果想要增加材料种类，通过两种或两种以上单体共聚生成共聚物，改变分子的结构和性能来实现。共聚物的聚合反应是高分子化学的主要研究方向。

共聚物组成过程中的关键的参数是竞聚率。根据这个参数可以直观地估计两种单体的共聚倾向，也就是两种单体在聚合时反应的活性比值。竞聚率要根据实验得到的测定数据，通

过某种共聚物组成方程得到竞聚率，这种计算公式非常繁琐，而且通过竞聚率获得的共聚物组成曲线，如果通过手工绘制误差很大。所以可以用程序设计出对应的模拟软件来完成公式计算及共聚物组成曲线的绘制工作。

二、Visual Basic 语言

1. 程序设计语言

程序设计语言对我们的作用应该是应用在某一领域，它是一种工具。编程语言要满足两个条件：① 编程语言本身要相对简单易学，编程语言本身不要成为学习理解的障碍；② 编程语言应该是实用的，学习者是用它来解决实际问题的。

2. Visual Basic 语言简介

Visual Basic 由微软公司推出，它延续了 Basic 语言语法简单、易学易用的优点，对其又进行了扩充，充分利用了 Windows 的图形环境，提供了崭新的可视化设计工具。由 VB 开发出的软件可以运行在所有的微软开发的操作系统下。

3. 可视化开发工具

Visual Basic 将构成操作界面的所有控件事先用代码编译好，并封装起来，使用者可以直接像“搭积木”一样，用这些控件在屏幕上描绘出软件所需的界面。

4. 面向对象的程序设计方法

VB 将软件需要的程序和数据作为一个对象，每个对象都有其相应的属性。这些对象和属性由系统提供，而不需要用户来编写实现它的代码。

5. 事件驱动的编程机制

VB 通过事件来使对象“活动”起来。用户可以对对象加诸某种动作，比如单击、双击等方法来响应某一段程序，执行指定的操作。

6. 支持多种数据库系统的访问

VB 可以直接编辑和访问微软开发的多种数据库，如 ACCESS、SQL Server、dBase、Foxpro 等。VB 可以将这些开发工具开发的数据库作为对象直接嵌入 VB 应用程序中来使用。

7. 强大的数据和代码共享能力

VB 可以将微软开发的其他的应用软件作为对象链接到 VB 程序中来，直接在 VB 设计的软件中使用。

三、VB 开发模拟共聚合反应程序流程

（一）共聚合反应公式

共聚反应，通常用 Mago-Lewis 方程来描绘：

$$F_1=\frac{r_1 f_1^2+f_1 f_2}{r_1 f_1^2+2 f_1 f_2+r_2 f_2^2}$$

式中 f_1，f_2——两种单体 M_1、M_2 在某个瞬间所占混合物的摩尔百分比；

F_1——M_1 在对应的共聚物中所占的摩尔百分数；

r_1，r_2——竞聚率参数。

为了得到高品质的共聚物，可以提供若干个单体配比方案，然后能通过实验得到给定配比下单体摩尔百分比 f_1 和共聚物摩尔百分比 F_1，将该数据代入上述公式，根据不同的算法得到竞聚率 r_1、r_2。

（二）VB 语言设计实现过程

1. 数据输入窗体实现

实验次数文本框作为输入框输入实验的次数，当输入数据时会响应文本框的 Change 事件，表格由自定义控件 UCustom 给出，该控件具有可以根据文本框提供的实验次数随机生成与实验次数对应的列，界面如图 3-1 所示。

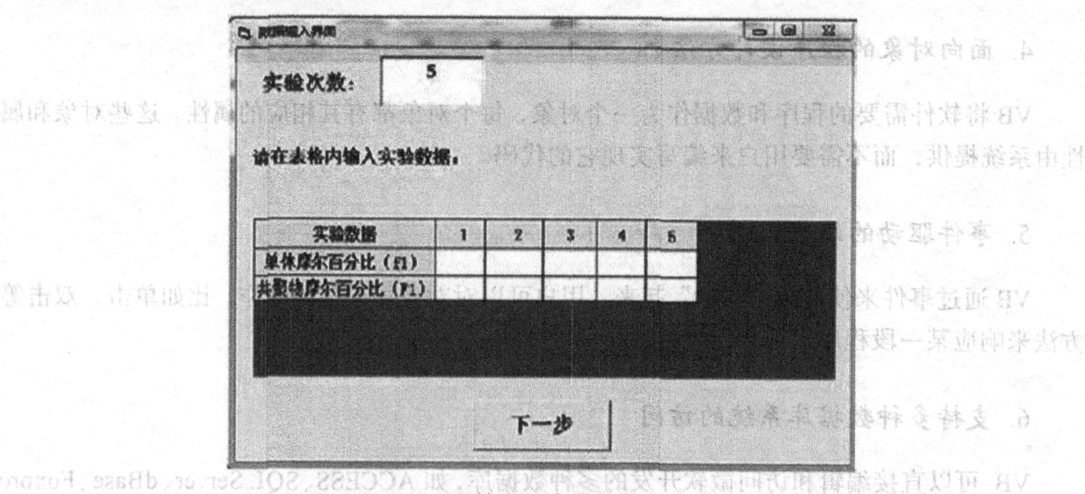

图 3-1　测算竞聚率数据输入界面

用户将得到的实验数据输入指定区域，输入完毕，按“下一步”按钮，进入绘制共聚物组成曲线界面。

2. 绘制共聚物组成曲线窗体

为该窗体建立 Click 事件，单击窗体会弹出 Msgbox 提示框“请选择竞聚率算法”。如图

3-2 所示。

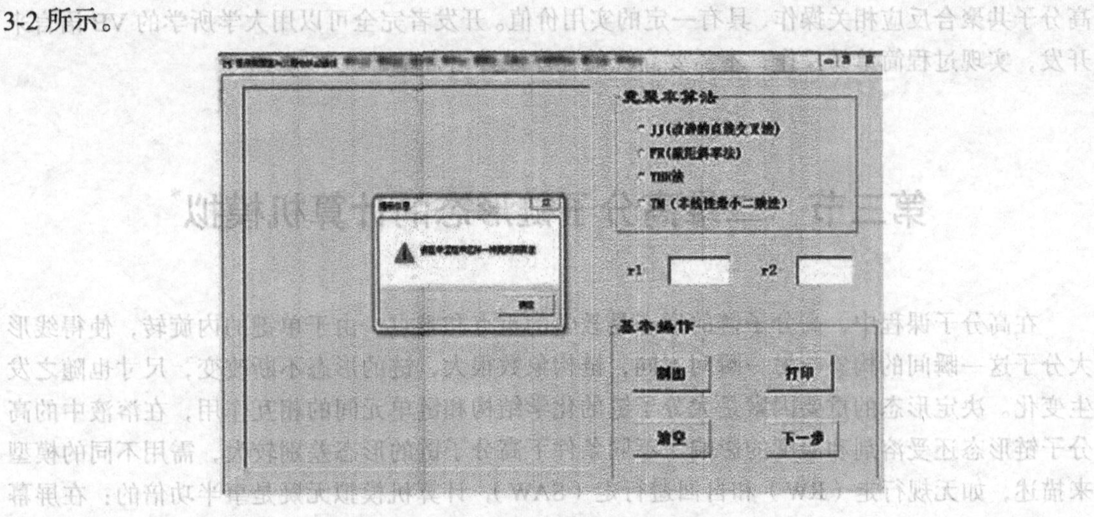

图 3-2 选择竞聚率算法界面

系统为用户提供了四个单选框代表四种算法，分别为 JJ 法、TM 法、FR 法与 YBR 法。每个单选框下都建立了指定算法求解竞聚率的算法公式求出竞聚率。结果显示在两个文本框之中。窗体右面提供四个按钮，分别为“制图”“打印”“清空”“下一步”。“制图”按钮为绘制二元共聚物组成曲线图；“打印”按钮将显示的曲线图形打印出来；“清空”按钮为清除当前显示的图形；“下一步”按钮可以打开下一个窗体。右面添加了一个图片框用来显示共聚物曲线，其中的刻度通过图片框 Line 方法，由 For 语句描绘出图片框中的 X 轴、Y 轴的刻度。共聚物反应曲线通过图片框的 PSet 方法来描绘。其中的绘制共聚物组成曲线窗体如图 3-3 所示。

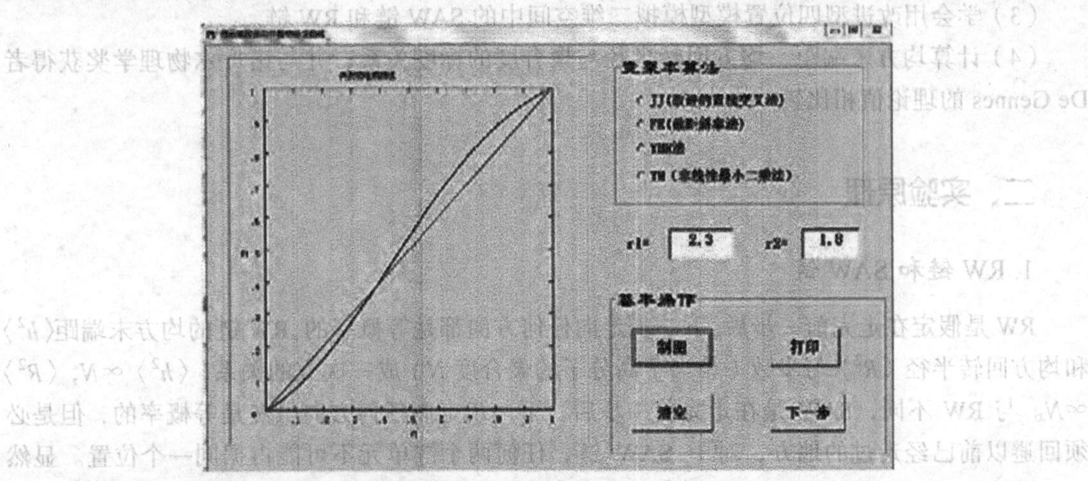

图 3-3 显示共聚物组成曲线界面

四、计算机模拟的优势

利用计算机模拟的方法可以避免了繁复的运算，能够得到最精细的运算结果，由不同的求解竞聚率算法得到竞聚率，或能通过已知的共聚率，可以看出在同一共聚反应下，不同的瞬时共聚物摩尔值。同时直接绘制出相应的共聚物组合曲线，误差小、直观。完全可以满足高分子共聚合反应相关操作，具有一定的实用价值。开发者完全可以用大学所学的 VB 语言来开发，实现过程简单易操作，不需要高深的程序设计语言基础。

第三节　二维高分子链形态的计算机模拟*

在高分子课程中，高分子链的形态是教学的重点和难点。由于单键的内旋转，使得线形大分子这一瞬间的构象与另一瞬间不同，链构象数很大，链的形态不断改变，尺寸也随之发生变化。决定形态的重要因素是大分子链的化学结构和链单元间的相互作用，在溶液中的高分子链形态还受溶剂和温度的影响。不同条件下高分子链的形态差别较大，需用不同的模型来描述，如无规行走（RW）和自回避行走（SAW），计算机模拟无疑是事半功倍的：在屏幕上构造 SAW，RW 链直观展示高分子链的内旋转以及链的形态和尺寸变化，计算链的平均尺寸，验证平均尺寸与聚合度的标度关系，具有实体分子模型和课堂教学所达不到的效果。本实验应用自编的改进型四位置模型，模拟二维空间中的 SAW、RW 链。

一、实验目的

（1）了解 SAW 链与 RW 链的差别，并理解排除体积效应对高分子链形态及尺寸的影响。

（2）初步了解改进型四位置模型。

（3）学会用改进型四位置模型模拟二维空间中的 SAW 链和 RW 链。

（4）计算均方末端距、均方回转半径与聚合度的标度关系，并与诺贝尔物理学奖获得者 De Gennes 的理论值相比较。

二、实验原理

1. RW 链和 SAW 链

RW 是假定在走完前一步后，下一步走向任何方向都是等概率的，RW 链的均方末端距$\langle h^2\rangle$和均方回转半径$\langle R^2\rangle$与步数（相当于高分子的聚合度 N）成一次方的关系，$\langle h^2\rangle \propto N$, $\langle R^2\rangle \propto N$。与 RW 不同，SAW 是在走完前一步后，下一步走向任何方向虽然是等概率的，但是必须回避以前已经走过的地方，对于 SAW 链，任何两个链单元不可能占据同一个位置。显然 SAW 链的尺寸比 RW 链扩张了，$\langle h^2\rangle$和$\langle R^2\rangle$与 N 应具有大于一次方的关系，$\langle h^2\rangle \propto N^{2\nu}$，$\langle R^2\rangle \propto N^{2\nu}$，这里 $\nu>1/2$。

实际高分子链的链单元都占有一定的体积，链单元间还有斥力，存在排除体积效应。另外，良溶剂中高分子链单元间也会由于溶剂分子-高分子链单元间的作用所产生的溶胀作用而呈现斥力，因此 SAW 模型更符合实际情况。只有在 θ 溶剂中，链单元间的斥力刚好与链单元间的范德华（Van der Walls）引力相互抵消，高分子链的形态才可用 RW 模型描述。一个不存在链单元间相互作用的孤立高分子链也可用 RW 模型来描述。

1991 年度诺贝尔物理学奖获得者 de Gennes 从理论上推导出 $v=\frac{3}{d+2}$，d 是晶格的维数，即晶格的维数对高分子链的形态有显著的影响。当 $d=1$ 时，$v=1$，$\langle h^2 \rangle \propto N^2$，$\langle R^2 \rangle \propto N^2$，这显然是正确的，当 $d=3$ 时，$v=3/5$，$\langle h^2 \rangle \propto N^{6/5}$，$\langle R^2 \rangle \propto N^{6/5}$，与 Flory 的理论以及实验结果都相符，而当 d=2 时，$v=3/4$，$\langle h^2 \rangle \propto N^{3/2}$，$\langle R^2 \rangle \propto N^{3/2}$，这是二维单分子层，但单分子层与它的支撑相存在的相互作用对单分子层中高分子链形态的影响不能忽视。所以，$\langle h^2 \rangle \propto N^{3/2}$，$\langle R^2 \rangle \propto N^{3/2}$ 较难用实验验证，但可以尝试用计算机方法来模拟，这也是我们选择模拟二维高分子链形态的原因。本实验主要模拟计算 SAW 链，作为对照，对 RW 链也进行了模拟计算。

2. 改进型四位置模型简介

四位置模型及键长涨落算法是由 Carmesin 和 Kremer 提出，用于二维格子中，每个链单元的中心位于格子的中心，要用 4 个格点才能表示这个链单元，比较复杂，算法程序编写烦琐。为此，作者对四位置模型进行改进，以格点作为链单元的中心，一根链单元只对应 1 个格点，即 4 个相邻格子的共同格点，每个链单元的位置用一个格点表示，简化了算法程序的编写。改进后的模型仍具有原四位置模型的优点，即在对 SAW 链进行抽样时只需检验体积排除条件和键长条件是否满足，如果都满足，键就不可能相交，也就没有必要检验键是否相交。具体算法如下：

（1）预先设定一条聚合度为 N 的高分子链的初始构象，可假设是一条沿着格线的直链，键长为 2 或 3；

（2）随机选择高分子链的某一链单元；

（3）产生该链单元的新位置，即从与该单元相邻的 8 个格点中随机选择一个格点作为该链单元的新位置；

（4）键长条件检验：计算新位置与原链单元前后键接的链单元之间的距离，如果这一距离在键长范围内，继续下一步，否则原构象再参加一次统计后回到步骤（2）；

（5）体积排除条件检验：检查在与该链单元新位置邻近的 8 个格点中除了原链单元外，是否有其他链单元，如果有，则不满足体积排除条件，原构象再参加一次统计后回到步骤（2）；

（6）产生新构象和高分子链：将该单元迁移至新位置，使得高分子链的构象改变，新构象参与统计后回到步骤（2）。

上述步骤周而复始，直到达到所要求的统计精度。

模拟 RW 链比较简单，只要满足键长条件而不需考虑排除体积效应，在上述步骤中去掉第（5）步即可。

三、实验仪器

（1）CPU 主频 200 MHz 以上计算机，1 GB 以上硬盘，128 M 内存；

（2）VGA 以上显示器；

（3）鼠标器；

（4）Windows；

（5）模拟计算软件（20M）。

四、实验步骤

1. 程序窗口简介

本实验所使用程序的界面如图 3-4 所示。

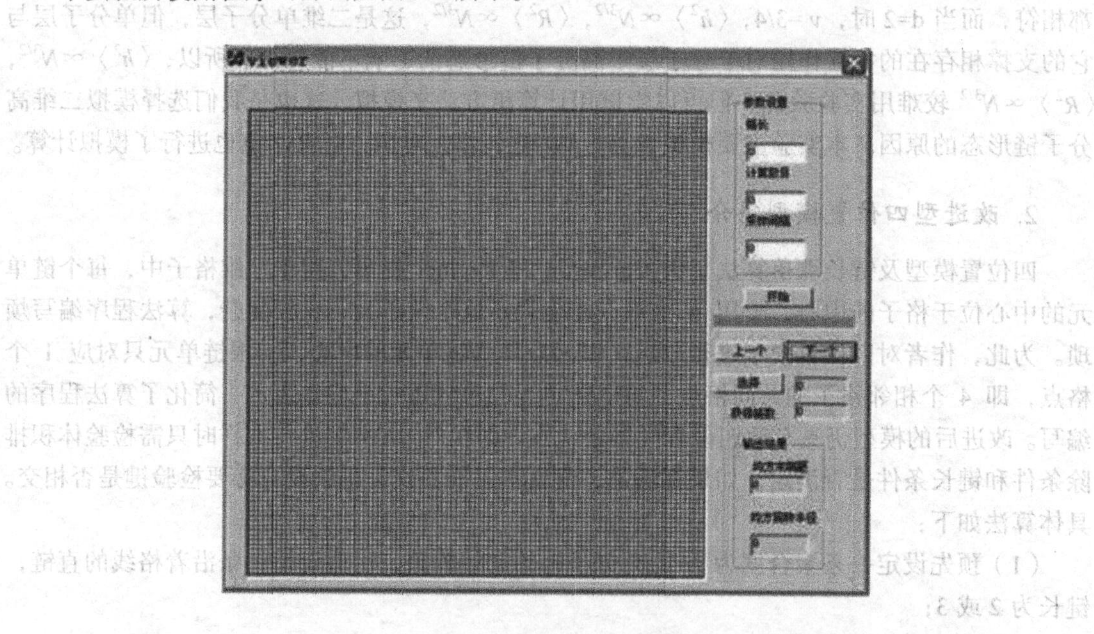

图 3-4　程序运行界面

在“参数设置”区域中，“链长”输入框用来设置所生成的高分子链统计单元的数目，即聚合度 N，范围是 0~300（可以更大，取决于计算机的配置）。“计算数目”输入框用来设置尝试生成高分子链的数目。需要注意的是，计算数目与成功生成的高分子链的数目是不同的，成功生成的高分子链数目通常要小于计算次数，因为并不是每一次链单元位置的改变都能生成一条有效的高分子链，如果不满足模型的要求，该次计算无效，进行下一次计算。由于成功生成的高分子链数目仍然很大，因此在“采样间隔”输入框中需设置一定的数值，这样只是有选择地显示一些高分子链的形态，如：设置采样间隔为 1000，表示如果成功生成了约 50000 个高分子链，则在主程序的窗口中只显示每 1000 链中的其中一个链的形态，一共可显示 500 个链，500 就显示在“获得链数”框中。通过“下一个”按钮可以在主窗口中依次浏览生成的 500 个高分子链，当然这 500 个链的形态是不同的。也可通过点击“选择”框，打开图 3-5 所示对话框，在“输入”框中输入编号，在主窗口中即可浏览相应的高分子链形态。

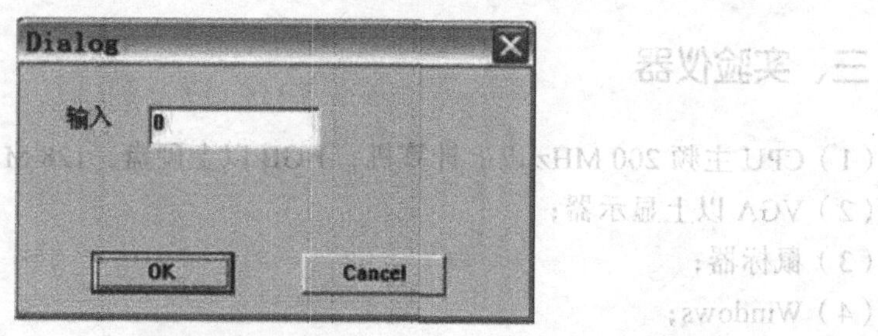

图 3-5　“选择窗口”

注意：所选择的编号不能超过“获得链数”中显示的数值。在主窗口右下的“输出结果”区域，显示的是生成的高分子链的均方末端距和均方回转半径，如这里就是对约 500000 个链统计平均后的结果。

2. 程序运行

参数设置完成后，点击“开始”按钮就开始运行程序。首先生成伸直链，如图 3-6 所示。

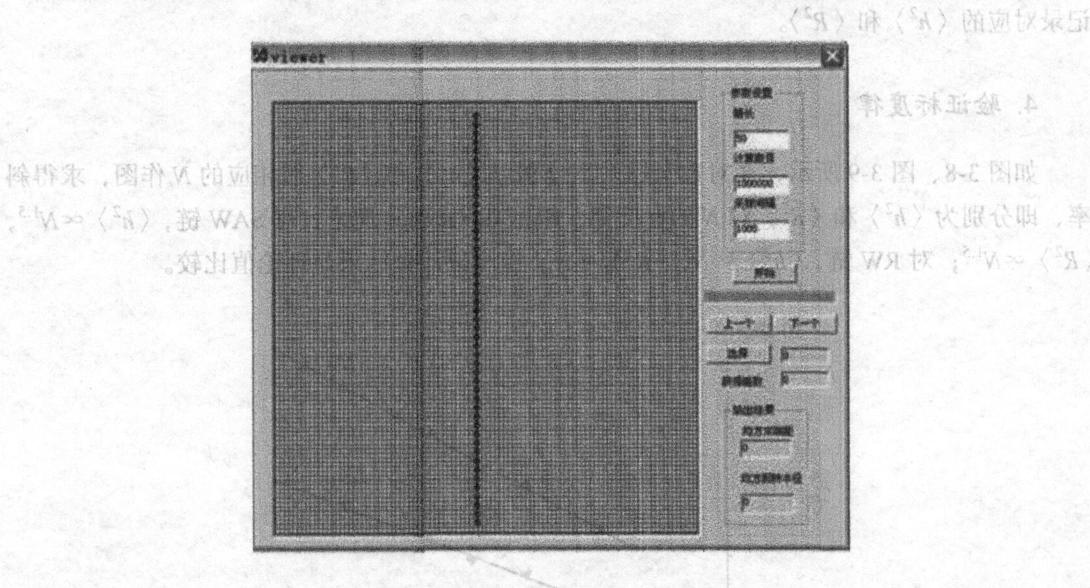

图 3–6 高分子链初始形态—伸直链

“开始”按钮下面的进度条显示当前计算的进度。在计算完成后，获得一定数量的不同形态的 SAW 链或 RW 链。图 3-7 所示的是其中的一个链长为 50 的 SAW 链，“获得链数”中显示为 373，因采样间隔为 1000，表明共生成了约 373000 个链，但是只显示其中的 373 个链，在“输入”框中输入 20，这样显示的就是这 373 个链中的第 20 个。

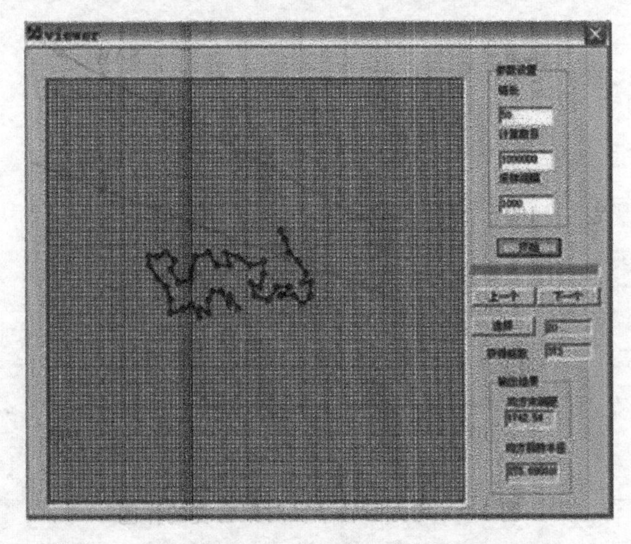

图 3-7 自回避行走链

3. 计算不同链长高分子的平均尺寸

设置一种链长 N，如 50，设置计算数目为 100 万次，采样间隔为 1000。点击“开始”按钮开始计算，在程序主窗口中可直接观察到链的形态和尺寸在不断变化。计算完成后，记录均方末端距〈h^2〉和均方回转半径〈R^2〉。

依次在“链长”框中设置不同的数值，计算数目和采样间隔可不变。每次计算完成后，记录对应的〈h^2〉和〈R^2〉。

4. 验证标度律

如图 3-8、图 3-9 所示，在对数坐标系下分别以〈h^2〉和〈R^2〉对相应的 N 作图，求得斜率，即分别为〈h^2〉和〈R^2〉对 N 的标度律。根据 de Gennes 理论，对 SAW 链，〈h^2〉$\propto N^{1.5}$，〈R^2〉$\propto N^{1.5}$；对 RW 链，〈h^2〉$\propto N$，〈R^2〉$\propto N$。将模拟计算结果与理论值比较。

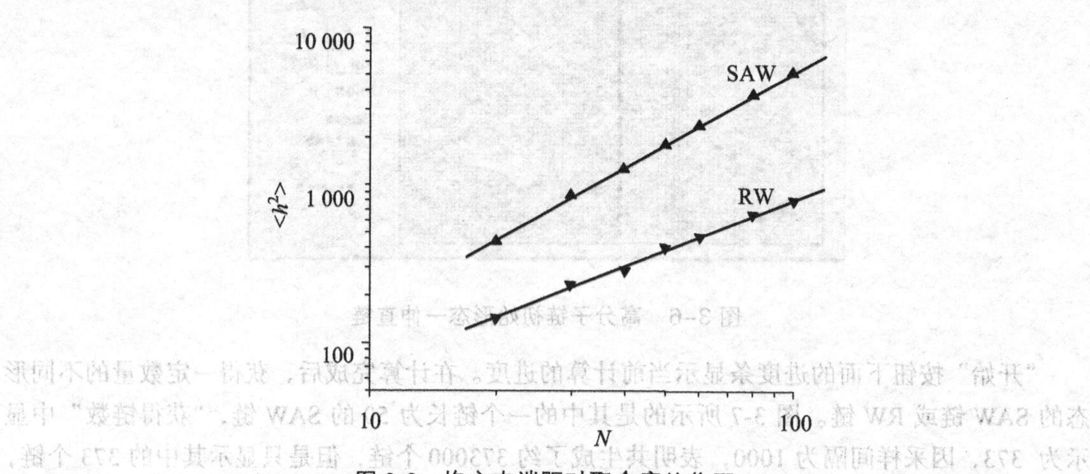

图 3-8　均方末端距对聚合度的作图

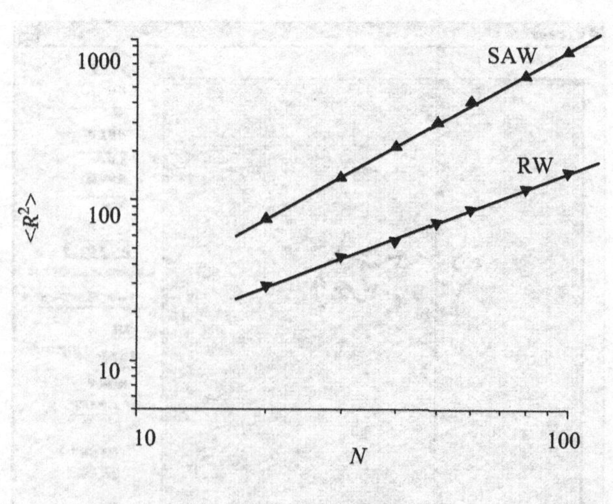

图 3-9　均方回转半径对聚合度的作图

五、讨论和思考题

（1）改进的四位置模型与原四位置模型相比有哪些优点？

（2）描述一个在良溶剂中的高分子链形态要用哪种模型？而 θ 溶剂中的高分子链形态又有何特征？需用哪种模型描述？

（3）影响高分子链形态的因素有哪些？结合本实验结果和所学高分子知识进行讨论。

参考文献

[1] 刘建平，郑玉斌. 高分子科学与材料工程实验[M]. 北京：化学工业出版社，2009.
[2] 张兴英，李齐方. 高分子科学实验[M]. 北京：化学工业出版社，2004.
[3] 何平笙. 高分子物理实验[M]. 合肥：中国科学技术大学出版社，2002.
[4] 韩哲文. 高分子科学实验[M]. 上海：华东理工大学出版社，2009.
[5] 李树新，王佩璋. 高分子科学实验[M]. 北京：中国石化出版社，2008.
[6] 钱人元，等. 高聚物的相对分子质量测定[M]. 北京：科学出版社，1958.
[7] 马德柱，何平笙，徐种德，等. 高聚物的结构与性能[M]. 2 版. 北京：科学出版社，1995.
[8] 杨海洋，朱平平，任峰，等. 粘度法研究高分子溶液行为的实验改进[J]. 化学通报，1999（4）：59.
[9] 欧国荣，张德震. 高分子科学与工程实验[M]. 上海：华东理工大学出版社，1997.
[10] GB/T1632—93 聚合物稀溶液粘度和特性粘度测定.
[11] GB1633—79 热塑性塑料软化点（维卡）试验方法.
[12] 何曼君，陈维孝，董西侠. 高分子物理[M]. 修订版. 上海：复旦大学出版社，2005.

附 录

附录 A 常见单体的物理常数

单体名称	相对分子质量	熔点 m_p/℃	沸点 b_p/℃	密度/g·mL^{-1}	折光指数
乙烯	28.0	−169.2	103.5	0.384 (−10 ℃)	1.363 (−100 ℃)
丙烯	42.0	−184.9	−47.7	0.5193 (−20 ℃)	1.3567 (70 ℃)
丁二烯	54.0	−108.9	−4.4	0.6211	1.429 (−25 ℃)
异戊二烯	68.0	−166.8	34.0	0.6810	1.4220
甲醛	30.8	−92	−21		
乙醛	44.0	−121	21		
乙酸乙烯酯	86.1	−84	73	0.9713	1.3959
氯乙烯	62.5	159.7	−13.9	0.9918 (−15 ℃)	1.380
丙烯氰	53.1	−83.6	77.3	0.8086	1.3911
苯乙烯	104.2	−23.2	145	0.9096	1.5468
α-甲基苯乙烯	108.2	23.2	161		
甲基丙烯酸	86.1	16	162		
甲基丙烯酸甲酯	100.0	−18.2	100.5	0.9440	1.4142
甲基丙烯酸乙酯	115.2		302.40	0.911	1.412
甲基丙烯酸丁酯	142.2		51/1.47	0.894	1.412
丙烯酸甲酯	86.09	−70	80.3	0.950	1.400
丙烯酸丁酯	128.7		147	0.886	1.4332
丙烯酸	72.0		142	1.0511	1.4224
β-羟乙酯	116.06		82	1.104	1.4505
环氧丙烷	58.0		33~35	0.830	1.449

续表

单体名称	相对分子质量	熔点 m_p/℃	沸点 b_p/℃	密度/g·mL^{-1}	折光指数
缩水甘油酯	128.12		57	1.107	1.4318
乙二醇	52.07	−12.3	197.2	1.1088	1.4318
丙烯酰胺	71.08	84.5	103	1.122 (30 ℃)	
环氧氯丙烷	92.58	57.2	116.2	1.181	1.4375
甲基丙烯酸丙酯	128.2		141	0.921	1.420
氰乙酸乙酯	113.12	70	208	1.062	1.4784
三氯乙烯	97.0		31.7	1.281	1.4271
顺丁烯二酸酐	98.06	52.8		1.48	
己内酰胺	71.08	68~70	139/1.60		
乙二胺	116.2	39~40	100/0.36		
乙二酰	146.14	153	265/1.77	1.366	
邻二苯甲酸酐	143.12	130.8	204.5	1.366	
甲基二异氰酸酯	174.16	20~21	251	1.22	
对苯二甲酸二甲酯	194.19	140.6	288	1.283	
双酚 A	228.20	153.5	250/0.23	1.195	
癸二酸	202.3	134.5	185~195/0.53	1.2705	
八甲基环四硅氧烷	296.6	17.5	175.8	0.9561	1.3968

注：表中沸点栏中/以后的数值为压力值（kPa）。

附录B 常见聚合物的溶剂和沉淀剂

聚合物	溶　剂	沉淀剂
聚丁二烯	脂肪烃、芳烃、卤代烃、四氢呋喃、高级酮和酯	醇、水、丙酮、硝基甲烷
聚乙烯	甲苯、二甲苯、十氢化萘、四氢化萘	醇、丙酮、邻苯二甲酸甲酯
聚丙烯	环已烷、二甲苯、十氢化萘、四氢化萘	醇、丙酮、邻苯二甲酸甲酯
聚丙烯酸甲酯	丙酮、丁酮、苯、甲苯、四氢呋喃	甲醇、乙醇、水
聚甲基丙烯酸甲酯	丙酮、丁酮、苯、甲苯、四氢呋喃	甲醇、石油醚、水、已烷、环已烷
聚乙烯醇	水、乙二醇(热)、丙三醇(热)	烃、卤代烃、丙酮、丙醇
聚氯乙烯	丙酮、环已酮、四氢呋喃	醇、乙烷、氯乙烷、水
聚四氟乙烯	全氟煤油(350 ℃)	大多数溶剂
聚丙烯腈	N, N-二甲基甲酰胺、乙酸酐	烃、卤代烃、酮、醇
聚丙烯酰胺	水	醇类、四氢呋喃、乙醚
聚苯乙烯	苯、甲苯、氯仿、环已烷、四氢呋喃、苯乙烯	醇、酚、已烷、丙酮
聚氧化乙烯	苯、甲苯、甲醇、乙醇、氯仿、水(冷)、乙腈	水(热)、脂肪烃
聚对苯二甲酸乙二醇酯	苯酚、硝基苯(热)、浓硫酸	酮、醇、醚、烃、卤代烃
聚酰胺	苯酚、硝基苯酚、甲酸、苯甲醇(热)	烃、脂肪醇、酮、醚、酯

附录C 常见聚合物的英文名称缩写

英文缩写	中文名称	英文缩写	中文名称
AR	醇酸树脂	POM	聚甲醛
ABS	丙烯腈-丁二烯-苯乙烯共聚物	PP	聚丙烯
BR	顺丁胶	PPO	聚氧化二甲苯
ER	环氧树脂	PPS	聚苯硫醚
EPDM	乙丙三元胶	PS	聚苯乙烯
IIR	丁基橡胶	PSI	聚硅氧烷
IR	异戊橡胶	PTFE	聚四氟乙烯天然橡胶
MF	三聚氰胺甲醛树脂	PU	聚氨酯
NR	天然橡胶	PVA	聚乙烯醇
PA	聚酰胺	PVAc	聚醋酸乙烯
PAA	聚丙烯酸	PVC	聚氯乙烯
PAM	聚丙烯酰胺	PVDC	聚偏氯乙烯
PAN	聚丙烯腈	PVF	聚氟乙烯
PB	聚丁二烯	SBR	丁苯橡胶
PB-1	聚丁烯-1	UF	脲醛树脂
PBT	聚对苯二甲酸丁二醇酯	UP	不饱和聚酯树脂
PC	聚碳酸酯	PI	聚酰亚胺
PCTFE	聚三氟氯乙烯	PIB	聚异丁烯
PE	聚乙烯	PMA	聚丙烯酸甲酯
PEG	聚乙二醇	PMMA	聚甲基丙烯酸甲酯
PEO	聚环氧乙烷/聚氧化乙烯	PF	酚醛树脂
PET	聚对苯二甲酸乙二醇酯		

附录D 常用引发剂的技术参数

名称	缩写	相对分子质量	外观	熔点/℃	半衰期 $t_{1/2}$/h	分解温度/℃	溶解性	稳定性及毒性
过氧化苯甲酰	BPO	242.22	白色结晶粉末	103~106 (分解)	2.4/85 4.3/80 8.4/75	73 (0.2 mol/L 苯)	溶于乙醚、丙酮、氯仿、苯等	干品极不稳定，摩擦、撞击，遇热或还原剂即引起爆炸，易燃、无毒
二叔丁基过氧化物	DTBP	146.22	无色至微黄色透明液体	−40 (凝固点)	1.6/140 4.9/130 8.7/125	126 (0.2 mol/L 苯)	溶于丙酮、甲苯	室温下稳定、对撞击不敏感。对钢、铝无腐蚀作用，无明
异丙苯过氧化	DCP	270.38	无色楞型结晶	39~41	3.1/140 5.7/120 9.8/115 117/117 100/101	115 (0.2 mol/L 苯)	溶于苯、异丙苯、乙醚等	室温下稳定，为强氧化剂。毒性低
过氧化月桂酰	LPO	398.61	白色粒状固体	53	0.1/99	62 (0.2 mol/L 苯)	溶于乙醚、丙酮、氯仿等	室温下稳定，无毒
叔丁基过氧化苯甲酸酯	TPB	194.22	无色至微黄色透明液体	8.5 (凝固点)	1.8/120 2.8/115 5.1/110 8.9/105	1.04~105 (0.2 mol/L 苯)	溶于乙醇、乙醚、丙酮、醋酸乙酯等	室温下稳定、对撞击不敏感。对钢、铝无腐蚀作用，毒性低
过氧化二碳酸(双-2-苯氧乙基酯)	BPPD	362.1	无色或微黄色结晶粉末	97~100	7/50 1.5/70	92~93	二氯甲烷、氯仿	对撞击和摩擦均不敏感，无爆炸无危险，低毒，会刺激眼睛和皮肤
过氧化二碳酸二(2-乙基己酯)	EHP	346	无色透明液体	＜50(凝固点)	0.33/40 1.5/50		J 甲苯、二甲苯、矿物油	40%溶液 200 ℃/3 min 不爆炸
过氧化二碳酸二异丙酯	IPP	206.18	无色液体	8~10	0.1/82 1/64 10/48	45	脂肪烃、芳香烃、酯、醚和卤	对温度、撞击、酸、碱化学品敏感，极易分解引起爆炸，低毒

续表

名称	缩写	相对分子质量	外观	熔点/℃	半衰期 $t_{1/2}$/h	分解温度/℃	溶解性	稳定性及毒性
过氧化二碳酸二环己酯	DCPD	286.3	白色固体粉末	44~46	75/30 4.2/50 0.27/70	42~44	易溶于芳烃、卤代烃、酯和酮	对撞击和摩擦均不敏感，但与稳定剂、催化剂和干燥剂、铁和钢等金属氧化物接触时能加速分解。低毒，对眼睛和皮肤会引起烧伤
过氧化甲乙酮	MEKP	178.2	无色透明油状液	110		105	溶于苯、醚和酯	室温下稳定，高于 100 ℃即发生爆炸
过氧化环己酮		246.31	白色及淡黄色针状结晶或粉末	76~78	1 min/174	97	乙醇、丙酮、苯	干燥状态下极易分解和燃烧爆炸，加热后能产生爆炸着火。与过渡金属化合物接触时，常温下即可着火。对撞击、摩擦敏感，易发生爆炸
过硫酸铵	ASP	228.19	白色结晶	124	pH>4 38.5/60 2.1/80 pH=3 25/60 1.62/80	120	水	与某些有机物或还原物相混合会引起爆炸，在室温下具有良好的稳定性
过硫酸钾	KSP	270.32	白色结晶粉末	<100	温度高受 pH 影响小，在乳化剂和硫醇存在时会加速分解	100 ℃完全分解	水	与某些有机物或还原物相混合会引起爆炸，无毒
偶氮二异丁腈	ASIBN	164.2	白色结晶粉末	102~104	0.1/101 1/82 10/65	64	甲醇、乙醇、乙醚、丙酮，石	100 ℃急剧分解引起爆炸着火，易燃、有毒
偶氮二异庚腈	ABVN	248.36	白色菱形片状结	顺式 55.5~57 反式 74~76	2.4/57.9 0.97/69.8	52 ℃，在 30 ℃/15 天分解失效	醇、醚、二甲基甲酰胺	易燃、易爆、有毒

注：半衰期栏中/以后数值为温度（℃）。

附录 E　某些单体和聚合物的密度及折射率

单体名称	密度/g·mL^{-1} (25 ℃)			折光指数(25 ℃)	
氯乙烯	0.901	1.406	34.4	1.380(15 ℃)	1.5415(15 ℃)
丙烯腈	0.800	1.17	31.0	1.3888	1.518
偏二溴乙烯	2.178	3.053	28.7		
偏二氯乙烯	1.213(20 ℃)	1.71(20 ℃)	28.6	1.424	1.654
溴乙烯	1.512	2.075	27.3		
甲基丙烯腈	0.800	1.10	27.0	1.401	1.520
丙烯酸甲酯	0.952	1.223	22.1	1.4021	1.4725
乙酸乙烯酯	0.934	1.191	21.6	1.3966	1.4667
甲基丙烯酸甲酯	0.940	1.0179	20.6	1.4147	1.492
琥珀酸二烯丙酯	1.056	1.30	18.8		
甲基丙烯酸乙酯	0.911	1.11	17.8	1.4143	1.435
马来酸二烯丙酯	1.077	1.30	17.2		
丙烯酸乙酯	0.919	1.095	16.1	1.4068	1.4685
丙烯酸正丁酯	0.894	1.055	15.2	1.4190	1.4634
甲基丙烯酸正丙酯	0.902	1.06	15.0	1.4191	1.484
苯乙烯	0.905	1.062	14.5	1.5438	1.5935
甲基丙烯酸正丁酯	0.889	1.055	14.3	1.4239	1.4831
异戊二烯	0.6810	0.906	24.8	1.4220	1.4220

附录F 常见的链转移常数

1. 几种溶剂（或调节剂）的链转移常数 C_s（60 ℃）

溶剂	苯乙烯	甲基丙烯酸甲酯	乙酸乙烯酯
苯	0.018×10^{-4}	0.04×10^{-4}	1.07×10^{-4}
甲苯	0.125×10^{-4}	0.17×10^{-4}	20.9×10^{-4}
乙苯	0.67×10^{-4}	1.35×10^{-4}(80 ℃)	55.2×10^{-4}
环已烷	0.024×10^{-4}	0.10×10^{-4}(80 ℃)	7.0×10^{-4}
二氯甲烷	0.15×10^{-4}	0.76×10^{-4}(80 ℃)	4.0×10^{-4}
三氯甲烷	0.5×10^{-4}	0.45×10^{-4}	0.0125
四氯化碳	92×10^{-4}	5×10^{-4}	0.96
正丁硫醇	22×10^{-4}	0.67×10^{-4}	~50
正十硫醇	19×10^{-4}		

2. 几种引发剂的链转移常数 C_I 值

单体	引发剂	温度/℃	链转移常数
苯乙烯	过氧化苯甲酰	60	0.101
		70	0.12
		80	0.13
	偶氮二异丁腈	50	0
		60	0.012
甲基丙烯酸甲酯	过氧化苯甲酰	60	0
	偶氮二异丁腈	60	0
	过氧化苯甲酰	60	2.67
		75	0.09
顺丁烯二酸酐	2-4-二氯过氧化苯甲酰	60	0.17

3. 在均聚物反应中单体的链转移常数 C_M 值

单体	温度/℃	链转移常数(C_M值)×10^{-4}
苯乙烯	27	0.31
甲基丙烯酸甲酯	50	0.62
	60	0.79
	70	1.16
	90	1.47
丙烯腈	50	0.15
	60	0.18
	70	0.23
	80	0.25
	100	0.38
氯乙烯	60	0.26
顺丁烯二酸酐	60	12.3
	75	750
乙酸乙烯酯	50	0.25
	60	2.5

附录G　自由基共聚反应中单体的竞聚率

单体1	单体2	γ_1	γ_2	$\gamma_1\gamma_2$	反应温度/℃
苯乙烯	乙基乙烯基醚	80±40	0	0	80
苯乙烯	异戊二烯	1.38±0.54	2.05±0.45	2.83	50
苯乙烯	乙酸乙烯酯	55±10	0.01±0.01	0.55	60
苯乙烯	氯乙烯	17±3	0.02	0.34	60
苯乙烯	偏二氯乙烯	1.85±0.05	0.08±0.01	0.157	60
丁二烯	丙烯腈	0.3	0.02	0.006	40
丁二烯	苯乙烯	1.35±0.12	0.58±0.15	0.78	50
丁二烯	氯乙烯	0.35	0.035	0.31	50
丙烯腈	丙烯酸	0.04±0.04	1.15	0.40	50
丙烯腈	苯乙烯	0.02±0.02	0.40±0.05	0.016	60
丙烯腈	异丁烯	0.46±0.026	1.8±0.2	0.036	50
甲基丙烯酸甲酯	苯乙烯	0.46±0.01	0.52±0.026	0.24	60
甲基丙烯酸甲酯	丙烯腈	10	0.150±0.08	0.184	80
甲基丙烯酸甲酯	氯乙烯	0.3	0.10	1.0	68
氯乙烯	偏二氯乙烯	1.68±0.08	3.2	0.96	60
氯乙烯	乙酸乙烯酯	1.0	0.23±0.02	0.39	60
四氟乙烯	三氟氯乙烯	0.015	1.0	1.0	60
顺丁烯二酸酐	苯乙烯		0.040	0.006	50

附录 H　常用加热液体介质

序号	加热浴种类	加热液体介质	熔点/℃	沸点/℃	加热温度范围/℃
1	水浴	水	0.0	100.0	0 ~ 100
2	油浴	甘油	17.8	290.0	−20 ~ 260
		硅油	−50.0	—	−40 ~ 250
		石蜡油	−95.6	68.7	−90 ~ 220
		润滑油	—	—	20 ~ 175
		硬芝麻油	约 60	约 350	60 ~ 320
3	硫酸浴	硫酸	10.4	337.0	20 ~ 300
4	空气浴	空气	−269.0	−193.0	4 ~ 30
5	石蜡浴	石蜡	—	—	60 ~ 300
6	沙浴	沙	—	—	—
7	金属浴	铅	327.5	1749.0	350 ~ 800
		汞	−38.8	356.7	−35 ~ 350
		焊锡	183.0	—	250 ~ 800
8	其他	导热姆 A(73.5%二苯氧化物，26.5 联苯)	12.0	258.0	15 ~ 225
		萘($C_{10}H_8$)	80.5	217.9	80 ~ 200
		乙二醇	−12.9	197.3	−10 ~ 180
		三甘醇	−7.0	285.0	0 ~ 250
		二苯甲酮	48.5	305.4	50 ~ 275
		四甲基硅酸酯	—	—	20 ~ 400
		80% H_3PO_4，20% HPO_3	—	—	20 ~ 250
		66.7% H_3PO_4，33.3% H_3PO_3	—	—	125 ~ 340
		51.3% KNO_3，48.7% $NaNO_3$	—	—	230 ~ 500
		40% $NaNO_2$，7% $NaNO_3$，53% KNO_3	—	—	150 ~ 500
		40% NaOH，60% KOH	—	—	200 ~ 1000

附录I 常用冷却剂的配方

冷却剂分类	一级分类	二级分类			
液体冷却剂	轻水				
	重水				
	碳氢化合物				
	液态金属(钠，钾)				
	低熔点熔盐				
	两种盐和100 g水组成的冷却剂	NH_4Cl	100 g	KNO_3	100 g
		NH_4NO_3	54 g	NH_4SCN	83 g
		NH_4NO_3	13 g	KSCN	146 g
		NH_4SCN	84 g	$NaNO_3$	60 g
		NH_4NO_3	100 g	Na_2CO_3	100 g
	两种盐和100 g冰组成的冷却剂	NH_4NO_3	41.6 g	NaCl	41.6 g
		NH_4SCN	39.5 g	$NaNO_3$	55.4 g
		KNO_3	2.0 g	KSCN	112.0 g
		KNO_3	38.0 g	NH_4Cl	13.0 g
		NH_4Cl	13.0 g	$NaNO_3$	37.5 g
		NH_4Cl	20.0 g	NaCl	40.0 g
		NH_4SCN	67.0 g	KNO_3	9.0 g
		NH_4NO_3	52.0 g	$NaNO_3$	55.0 g
		KNO_3	9.0 g	NH_4NO_3	74.0 g
		NH_4Cl	12.0 g	$(NH_4)_2SO_4$	50.5 g
		NH_4Cl	18.8 g	NH_4NO_3	44 g
		$NaNO_3$	62.0 g	$(NH_4)_2SO_4$	69.0 g
		$NaNO_3$	62.0 g	KNO_3	10.7 g
		KCl	12.0 g	NH_4Cl	19.4 g
		KNO_3	13.5 g	NH_4Cl	26.0 g
		KCl	24.5 g	KNO_3	4.5 g

续表

冷却剂分类	一级分类	二级分类
气体冷却剂	干冰	
	液态氮	
	液态氢	
	液态氦	
	液态甲烷	
	液态氯化亚氮	
干冰冷却剂 (过量干冰加液体)	二甘醇二乙醚	
	氯乙烷	
	乙醇 85.5%	
	乙醇	
	三氯化磷	
	氯仿	
	乙醚	
	三氯乙烯	
	丙酮	

附录J　常用的干燥剂

1. 干燥剂的选择注意事项

（1）要注意被干燥物质与干燥剂不能发生反应，碱性物质不能使用酸性干燥剂，酸性物质不能使用碱性干燥剂。

（2）要注意干燥剂的安全性，一般来说还要求干燥剂不能有有害物质，特别是用于食品、药品的干燥剂。

（3）要注意干燥剂的吸附能力，如果是已经失效的或吸附能力差的肯定会影响到使用的目的。

2. 干燥剂使用时注意事项

（1）要确保将干燥剂置于一个相对密封的环境中使用，这样才能更好地达到干燥、防潮的目的。

（2）要确保干燥剂的用量足够。

（3）要确保干燥剂的外包装纸未发生破损且不易破损。

3. 常见干燥剂分类及其注意事项

干燥剂类别	常见干燥剂列举	适用对象	备　注
酸性干燥剂	浓 H_2SO_4	适用于干燥饱和烃，卤代烃，硝酸，溴等。醇，酚，酮，不饱和烃等不适用	脱水效能高，具有氧化性，不能用于烯、醚、醇等弱碱性化合物干燥
	P_2O_5	适用于烃，卤代烃，酯，乙酸，腈，二硫化碳，液态二氧化硫的干燥。醚，酮，醇，胺等不适用	作用非常快、效能最高。需用 $MgSO_4$、Na_2SO_4 预干燥，否则，则变成糖浆状
	无水硫酸铜	用于醇，醚，酯，低级脂肪酸的脱水，甲醇与 $CuSO_4$ 能形成加成物，故不宜使用	通常实验用于证明有无水分存在，遇水变蓝
	硅胶(SiO_2)	用于干燥 O_2、N_2、NH_3 等	多用于食品
碱性干燥剂	固体烧碱(NaOH)、KOH	适用于干燥胺等碱性物质和四氢呋喃一类环醚	吸水速度快，KOH 吸水能力较 NaOH 大 60~80 倍，酸，酚，醛，酮，醇，酯，酰胺等不适用

续表

干燥剂类别	常见干燥剂列举	适用对象	备 注
碱性干燥剂	碱石灰	用于吸收水酸性气体，如二氧化碳、二氧化硫	如果只有氢氧化钠存在，这种干燥剂将不能在较高温度下使用
	CaO、BaO	适用于干燥醇，碱性物质，腈，酰胺。不适用于酮，酸性物质和酯类	作用慢、效能高，不适用于干燥酸、酯等对于碱敏感的化合物。干燥后需蒸馏
	金属钠(Na)	适用于干燥醚、三级胺、烷烃、芳烃中痕量水	效能高但作用慢，需要在用 $MgSO_4$、$CaCl_2$ 干燥后，才能用，但凡能与 Na、碱作用或能被还原的化合物均不能用
	K_2CO_3	适用于干燥醇、酮、酯、胺、杂环等碱性化合物	吸水量和效能一般，不能用于酸性化合物
中性干燥剂	$CaSO_4$	适用于烷、芳香烃、醇、醛、酮、酚、醚	吸水量小、作用快、效能高，一般在用吸水量大的干燥剂初步干燥后再用。$CaSO_4 \cdot 1/2H_2O$ 在 230~240 ℃加热 2~3 h 失水
	$CaCl_2$(熔融过)	适用于干燥烃、卤代烃、烯、酮、醚、硝基化合物、中性气体等	吸水量大、作用快、效能不高、作初步干燥用，30 ℃以上失水，不能作醇、酚、酯、酸类的干燥
	活性 Al_2O_3	广泛用于石油化工的气、液相干燥，用于纺织工业、制氧工业以及自动化仪表风的干燥，空分行业变压吸附	吸水能力大、干燥速度快，在 110~300 ℃下烘干再生
	Na_2SO_4	适用于干燥酯、醇、酮、酸、腈、酚、酰胺、卤代烃、硝基化合物和其他不能用 $CaCl_2$ 干燥的化合物	吸水量大、作用慢、效能差、作初步干燥用，$Na_2SO_4 \cdot 10H_2O$ 在 33 ℃以上失水
	$MgSO_4$	适用于干燥酯、醇、酮、酸、腈、酚、酰胺、卤代烃、硝基化合物和其他不能用 $CaCl_2$ 干燥的化合物	比 Na_2SO_4 作用快、效能高、为一般良好的干燥剂，$MgSO_4 \cdot 7H_2O$ 在 48 ℃以上失水，$MgSO_4 \cdot 12H_2O$ 在 150 ℃失水

4. 各类有机化合物的常用干燥剂

液态有机化合物	适用干燥剂
醚类、烷烃、芳烃	$CaCl_2$，Na，P_2O_5
醇类	K_2CO_3，$MgSO_4$，Na_2SO_4，CaO
醛类	$MgSO_4$，Na_2SO_4
酮类	$MgSO_4$，Na_2SO_4，K_2CO_3
酸类	$MgSO_4$，Na_2SO_4
酯类	$MgSO_4$，Na_2SO_4，K_2CO_3
卤代烃	$CaCl_2$，$MgSO_4$，Na_2SO_4，P_2O_5
有机碱类（胺类）	NaOH，KOH